目　　次

3．工期

(2) 下請負人の責めに帰すべき理由がないにもかかわらず工期が変更になり、これに起因する下請工事の費用が増加した場合は、元請負人がその費用を負担することが必要

(3) 元請負人が、工期変更に起因する費用増を下請負人に一方的に負担させることは建設業法に違反するおそれ

(4) 赤伝処理は下請負人との合意のもとで行い、差引額についても下請負
人の過剰負担となることがないよう十分に配慮することが必要

10. 下請代金の支払
10—1 支払保留・支払遅延
★支払保留に係る違反行為の事例
(1) 正当な理由がない長期支払保留は建設業法に違反
(2) 望ましくは下請代金をできるだけ早期に支払うこと

10—2 下請代金の支払手段
★下請代金の支払手段に係る望ましくない行為の事例
　下請代金の支払いはできる限り現金によるものとし、少なくとも下請代
金のうち労務費に相当する部分については、現金で支払うよう適切な配慮
をすることが必要。また、下請代金を手形で支払う際には、現金化にかか
る割引料等のコストや手形サイトに配慮をすることが必要

11. 長期手形
★長期手形に係る違反行為の事例
　割引を受けることが困難な長期手形の交付は建設業法に違反

12. 不利益取扱いの禁止
★不利益取扱いの禁止に係る違反行為の事例

13. 帳簿の備付け・保存及び営業に関する図書の保存
★帳簿の備付け及び保存に係る違反行為の事例
(1) 営業所ごとに、帳簿を備え、5年間保存することが必要
(2) 帳簿には、営業所の代表者の氏名、請負契約・下請契約に関する事項
などを記載することが必要
(3) 帳簿には契約書などを添付することが必要
(4) 発注者から直接建設工事を請け負った場合は、営業所ごとに、営業に
関する図書を10年間保存することが必要

II その他法令遵守に参考となる資料

建設業法令遵守ガイドラインを読むに当たっての留意点について

Ⅰ．本書の利用に当たって

1．ガイドラインの構成

建設業法令遵守ガイドラインは、建設業の下請取引における取引の流れに沿った形で、見積条件の提示、契約締結といった13の項目について、留意すべき建設業法の規定を解説し、建設業法に違反する又は違反するおそれのある行為事例を示すという構成となっています。

また、独占禁止法、社会保険への加入等といった建設業に関連する法令についての解説や、資料編として建設業の下請取引に関して深く関係する法令等が掲載されています。

2．見出しを読むだけで各項目のアウトラインを把握

建設業法令遵守ガイドラインは、各項目ごとの見出しに、各項目で示したい内容が凝縮されています。

例えば「1．見積条件の提示等（建設業法第20条第4項、第20条の2）」では「(1) 見積条件の提示に当たっては下請契約の具体的内容を提示することが必要」のように見出しを見れば概ねその内容が示され、見出しだけを通し見するだけでその項目のアウトラインが把握できるように構成されています。忙しい経営者や工事現場に直接携わる方々は、ガイドラインの見出しを通し見するだけで、短時間でガイドラインの内容が把握できるようになっています。本書では、ガイドラインの各項目の見出しを含めた目次としておりますので、目次部分を見ていただくことで、ガイドラインのアウトラインを把握することができます。

3．建設工事の請負契約取引に登場する取引関係者の名称の定義

建設業法令遵守ガイドラインにおける「元請負人」と「下請負人」の定義は下図のとおりです。

		A社	B社	C社	D社
建設業法上	発注者 ⇔	元請負人 ⇔	下請負人		
			元請負人 ⇔	下請負人	
				元請負人 ⇔	下請負人
通称	発注者 （施主） ⇔	元請業者 ⇔	一次下請 ⇔	二次下請 ⇔	三次下請

なお、建設業法では上図に示すとおり、下請工事として受注した場合でも、その建設工事の一部を他の建設業者に下請負した場合には、自社が「元請負人」となり、その下請取引を行った建設業者が「下請負人」となり、同ガイドラインにおける「元請負人（自社）と下請負人（その下請取引業者）の関係」に該当することとなりますので十分留意する必要があります。

Ⅱ．建設業法違反又はそのおそれがあれば「駆け込みホットライン」へ通報

　国土交通省では、建設業の法令遵守の推進及び徹底を図るため、平成19年4月に各地方局に「建設業法令遵守推進本部」を設置し、同本部内に建設業法違反の情報を収集するための窓口を開設しました。その名を「駆け込みホットライン」と言います。

　「駆け込みホットライン」は、本ガイドラインに示されている元請負人と下請負人の関係に係る違反行為だけでなく、「一括下請負の禁止」、「監理技術者の不設置」、「建設業許可申請及び経営事項審査申請の虚偽」等の違反行為についても通報を受け付けています。

１．見積条件の提示等
（建設業法第20条第４項、第20条の２）

【建設業法上違反となるおそれがある行為事例】

① 元請負人が不明確な工事内容の提示等、曖昧な見積条件により下請負人に見積りを行わせた場合

② 元請負人が、「出来るだけ早く」等曖昧な見積期間を設定したり、見積期間を設定せずに、下請負人に見積りを行わせた場合

③ 元請負人が下請負人から工事内容等の見積条件に関する質問を受けた際、元請負人が、未回答あるいは曖昧な回答をした場合

【建設業法上違反となる行為事例】

④ 元請負人が予定価格が700万円の下請契約を締結する際、見積期間を３日として下請負人に見積りを行わせた場合

⑤ 元請負人が地下埋設物による土壌汚染があることを知りながら、下請負人にその情報提供を行わず、そのまま見積りを行わせ、契約した場合

　上記①から③のケースは、いずれも建設業法第20条第４項に違反するおそれがあり、④のケースは同項に違反し、⑤のケースは同項及び第20条の２に違反する。

　建設業法第20条第４項では、元請負人は、下請契約を締結する以前に、下記(1)に示す具体的内容を下請負人に提示し、その後、下請負人が当該下請工事の見積りをするために必要な一定の期間を設けることが義務付けられている。これは、下請契約が適正に締結されるためには、元請負人が下請負人に対し、あらかじめ、契約の内容となるべき重要な事項を提示し、適正な見積期間を設け、見積落し等の問題が生じないよう検討する期間を確保し請負代金の額の計算その他請負契約の締結に関する判断を行わせることが必要であることを踏まえたものである。

(1)　見積条件の提示に当たっては下請契約の具体的内容を提示することが必要

　建設業法第20条第４項により、元請負人が下請負人に対して具体的内容を提示し

なければならない事項は、同法第19条により請負契約書に記載することが義務付けられている事項（工事内容、工事着手及び工事完成の時期、工事を施工しない日又は時間帯の定めをするときはその内容、前金払又は出来形部分に対する支払の時期及び方法等（17ページ「2－1　当初契約」参照））のうち、請負代金の額を除くすべての事項となる。

　見積りを適正に行うという建設業法第20条第4項の趣旨に照らすと、例えば、上記のうち「工事内容」に関し、元請負人が最低限明示すべき事項としては、

① 工事名称
② 施工場所
③ 設計図書（数量等を含む。）
④ 下請工事の責任施工範囲
⑤ 下請工事の工程及び下請工事を含む工事の全体工程
⑥ 見積条件及び他工種との関係部位、特殊部分に関する事項
⑦ 施工環境、施工制約に関する事項
⑧ 材料費、労働災害防止対策、建設副産物（建設発生土等の再生資源及び産業廃棄物）の運搬及び処理に係る元請下請間の費用負担区分に関する事項

が挙げられ、元請負人は、具体的内容が確定していない事項についてはその旨を明確に示さなければならない。

　施工条件が確定していないなどの正当な理由がないにもかかわらず、元請負人が、下請負人に対して、契約までの間に上記事項等に関し具体的な内容を提示しない場合には、建設業法第20条第4項に違反する。

　また、建設業法第20条の2により、元請負人は、当該下請工事に関し、

① 地盤の沈下、地下埋設物による土壌の汚染その他の地中の状態に起因する事象
② 騒音、振動その他の周辺の環境に配慮が必要な事象

が発生するおそれがあることを知っているときは、請負契約を締結するまでに、下請負人に対して、必要な情報を提供しなければならない。元請負人が把握しているにも関わらず必要な情報を提供しなかった場合、建設業法第20条第4項及び第20条の2に違反する。

(2)　下請契約の内容は書面で提示すること、更に作業内容を明確にすること

　元請負人が見積りを依頼する際は、下請負人に対し工事の具体的な内容について、口頭ではなく、書面によりその内容を示すべきであり、更に、元請負人は、「施工条件・範囲リスト」（建設生産システム合理化推進協議会作成）（資料編149

ページ参照）に提示されているように、材料、機器、図面・書類、運搬、足場、養生、片付、安全などの作業内容を明確にしておくべきである。

(3) 追加工事又は変更工事（以下「追加工事等」という。）に伴う変更契約等を行う際にも適正な見積り手続きが必要

当初の契約どおり工事が進行せず、工事内容に変更が生じ、工期又は請負代金の額に変更が生じる場合には、双方の協議による適正な手順により、下請負人に対し、追加工事等の着工前に書面による見積依頼を行うこと。また、当初契約の見積りと同様、上記(1)～(2)に留意し、見積条件の提示を行う必要がある。

(4) 予定価格の額に応じて一定の見積期間を設けることが必要

建設業法第20条第4項により、元請負人は以下のとおり下請負人が見積りを行うために必要な一定の期間（建設業法施行令（昭和31年政令第273号）第6条）を設けなければならない。

ア　工事1件の予定価格が500万円に満たない工事については、1日以上

イ　工事1件の予定価格が500万円以上5,000万円に満たない工事については、10日以上

ウ　工事1件の予定価格が5,000万円以上の工事については、15日以上

上記期間は、下請負人に対する契約内容の提示から当該契約の締結までの間に設けなければならない期間である。そのため、下請負人が所定の見積期間満了を待たずに見積書を交付した場合を除き、例えば、6月1日に契約内容の提示をした場合には、アに該当する場合は6月3日、イに該当する場合は6月12日、ウに該当する場合は6月17日以降に契約の締結をしなければならない。ただし、やむを得ない事情があるときは、イ及びウの期間は、5日以内に限り短縮することができる。

なお、上記の見積期間は、下請負人が見積りを行うための最短期間であり、元請負人は下請負人に対し十分な見積期間を設けることが望ましい。

また、追加工事等に伴う見積依頼においても、上記見積期間を設けなければならないことに、留意すること。

見積条件の提示に関する Tips

☆見積条件として提示しなければならない法定14項目

元請負人が下請取引に関し提示すべき法定項目は次の14項目となっています。

① 工事内容（工事名称、施工場所、設計図書（数量等を含む。）、下請工事の責任施工範囲、下請工事の工程及び下請工事を含む工事の全体工程、見積条件及び他工種との関係部位、特殊部分に関する事項、施工環境、施工制約に関する事項、材料費、産業廃棄物処理等に係る元請下請間の費用負担区分に関する事項等）

② 工事着手の時期及び工事完成の時期

③ 請負代金の全部又は一部の前金払又は出来形部分に対する支払の定めをするときは、その支払の時期及び方法

④ 工事を施工しない日又は時間帯の定めをするときは、その内容

⑤ 当事者の一方から設計変更又は工事着手の延期若しくは工事の全部若しくは一部の中止の申出があつた場合における工期の変更、請負代金の額の変更又は損害の負担及びそれらの額の算定方法に関する定め

⑥ 天災その他不可抗力による工期の変更又は損害の負担及びその額の算定方法に関する定め

⑦ 価格等（物価統制令（昭和21年勅令第118号）第２条に規定する価格等をいう。）の変動若しくは変更に基づく請負代金の額又は工事内容の変更

⑧ 工事の施工により第三者が損害を受けた場合における賠償金の負担に関する定め

⑨ 注文者が工事に使用する資材を提供し、又は建設機械その他の機械を貸与するときは、その内容及び方法に関する定め

⑩ 注文者が工事の全部又は一部の完成を確認するための検査の時期及び方法並びに引渡しの時期

⑪ 工事完成後における請負代金の支払の時期及び方法

⑫ 工事の目的物が種類又は品質に関して契約の内容に適合しない場合におけるその不適合を担保すべき責任又は当該責任の履行に関して講ずべき保証保険契約の締結その他の措置に関する定めをするときは、その内容

⑬ 各当事者の履行の遅滞その他債務の不履行の場合における遅延利息、違約金その他の損害金

⑭ 契約に関する紛争の解決方法

☆用語解説

建設生産システム合理化推進協議会

建設生産システム合理化推進協議会は、総合工事業者、専門工事業者のそれぞれが対等な立場に立って協議し、両者間における具体的基準・ルールづくり等を推進するため、平成３年８月に設けられた建設業者団体の自主的協議機関です。総合工事業者、専門工事業者、学識経験者、行政等による委員で構成されています。

施工条件・範囲リスト

見積時点における価格を決定する事項について書面により明確にするため、建設生産システム合理化推進協議会が見積協議の際に活用する標準モデルとして作成したリストのことをいいます。平成22年12月時点で16工種に係るリストが作成されています。

２．書面による契約締結
２－１　当初契約
（建設業法第18条、第19条第１項、第19条の３、第20条第１項）

【建設業法上違反となる行為事例】
① 下請工事に関し、書面による契約を行わなかった場合
② 下請工事に関し、建設業法第19条第１項の必要記載事項を満たさない契約書面を交付した場合
③ 元請負人からの指示に従い下請負人が書面による請負契約の締結前に工事に着手し、工事の施工途中又は工事終了後に契約書面を相互に交付した場合
④ 下請工事に関し、基本契約書を取り交わさない、あるいは契約約款を添付せずに、注文書と請書のみ（又はいずれか一方のみ）で契約を締結した場合

　上記①から④のケースは、いずれも建設業法第19条第１項に違反する。

---

(1) 契約は下請工事の着工前に書面により行うことが必要

　建設工事の請負契約の当事者である元請負人と下請負人は、対等な立場で契約すべきであり、建設業法第19条第１項により定められた下記(2)の①から⑮までの15の事項を書面に記載し、署名又は記名押印をして相互に交付しなければならないこととなっている。

　契約書面の交付については、災害時等でやむを得ない場合を除き、原則として下請工事の着工前に行わなければならない。

　建設業法第19条第１項において、建設工事の請負契約の当事者に、契約の締結に際して契約内容を書面に記載し相互に交付すべきことを求めているのは、請負契約の明確性及び正確性を担保し、紛争の発生を防止するためである。また、あらかじめ契約の内容を書面により明確にしておくことは、いわゆる請負契約の「片務性」の改善に資することともなり、極めて重要な意義がある。

(2)　契約書面には建設業法で定める一定の事項を記載することが必要

　契約書面に記載しなければならない事項は、以下の①〜⑮の事項である。特に、「①工事内容」については、下請負人の責任施工範囲、施工条件等が具体的に記載されている必要があるので、○○工事一式といった曖昧な記載は避けるべきである。

① 　工事内容
② 　請負代金の額
③ 　工事着手の時期及び工事完成の時期
④ 　工事を施工しない日又は時間帯の定めをするときは、その内容
⑤ 　請負代金の全部又は一部の前金払又は出来形部分に対する支払の定めをするときは、その支払の時期及び方法
⑥ 　当事者の一方から設計変更又は工事着手の延期若しくは工事の全部若しくは一部の中止の申出があった場合における工期の変更、請負代金の額の変更又は損害の負担及びそれらの額の算定方法に関する定め
⑦ 　天災その他不可抗力による工期の変更又は損害の負担及びその額の算定方法に関する定め
⑧ 　価格等（物価統制令（昭和21年勅令第118号）第2条に規定する価格等をいう。）の変動若しくは変更に基づく請負代金の額又は工事内容の変更
⑨ 　工事の施工により第三者が損害を受けた場合における賠償金の負担に関する定め
⑩ 　注文者が工事に使用する資材を提供し、又は建設機械その他の機械を貸与するときは、その内容及び方法に関する定め
⑪ 　注文者が工事の全部又は一部の完成を確認するための検査の時期及び方法並びに引渡しの時期
⑫ 　工事完成後における請負代金の支払の時期及び方法
⑬ 　工事の目的物が種類又は品質に関して契約の内容に適合しない場合におけるその不適合を担保すべき責任又は当該責任の履行に関して講ずべき保証保険契約の締結その他の措置に関する定めをするときは、その内容
⑭ 　各当事者の履行の遅滞その他債務の不履行の場合における遅延利息、違約金その他の損害金
⑮ 　契約に関する紛争の解決方法

　下請契約の締結に際しては、下請負人が交付した見積書において、建設業法第20条第1項の規定により、工事の種別ごとの材料費、労務費その他の経費の内訳並び

に工事の工程ごとの作業及びその準備に必要な日数が明らかである場合には、その見積内容を考慮すること。

(3) 注文書・請書による契約は一定の要件を満たすことが必要

注文書・請書による請負契約を締結する場合は、次に掲げる場合に応じた要件を満たさなければならない。

ア 当事者間で基本契約書を取り交わした上で、具体の取引については注文書及び請書の交換による場合

① 基本契約書には、建設業法第19条第1項第5号から第15号に掲げる事項（上記(2)の⑤から⑮までの事項。ただし、注文書及び請書に個別に記載される事項を除く。）を記載し、当事者の署名又は記名押印をして相互に交付すること。

② 注文書及び請書には、建設業法第19条第1項第1号から第4号までに掲げる事項（上記(2)の①から④までの事項）その他必要な事項を記載すること。

③ 注文書及び請書には、それぞれ注文書及び請書に記載されている事項以外の事項については基本契約書の定めによるべきことが明記されていること。

④ 注文書には注文者が、請書には請負者がそれぞれ署名又は記名押印すること。

イ 注文書及び請書の交換のみによる場合

① 注文書及び請書のそれぞれに、同一の内容の契約約款を添付又は印刷すること。

② 契約約款には、建設業法第19条第1項第5号から第15号に掲げる事項（上記(2)の⑤から⑮までの事項。ただし、注文書及び請書に個別に記載される事項を除く。）を記載すること。

③ 注文書又は請書と契約約款が複数枚に及ぶ場合には、割印を押すこと。

④ 注文書及び請書の個別的記載欄には、建設業法第19条第1項第1号から第4号までに掲げる事項（上記(2)の①から④までの事項）その他必要な事項を記載すること。

⑤ 注文書及び請書の個別的記載欄には、それぞれの個別的記載欄に記載されている事項以外の事項については契約約款の定めによるべきことが明記されていること。

⑥ 注文書には注文者が、請書には請負者がそれぞれ署名又は記名押印すること。

(4)　電子契約によることも可能

　書面契約に代えて、CI-NET 等による電子契約も認められる。その場合でも上記(2)の①〜⑮の事項を記載しなければならない。

(5)　建設工事標準下請契約約款又はこれに準拠した内容を持つ契約書による契約が基本

　建設業法第18条では、「建設工事の請負契約の当事者は、各々の対等な立場における合意に基づいて公正な契約を締結し、信義に従って誠実にこれを履行しなければならない」と規定している。建設工事の下請契約の締結に当たっては、同条の趣旨を踏まえ、建設工事標準下請契約約款（資料編85ページ参照）又はこれに準拠した内容を持つ契約書による契約を締結することが基本である。

(6)　片務的な内容による契約は、建設業法上不適当

　元請負人と下請負人の双方の義務であるべきところを下請負人に一方的に義務を課すものや、元請負人の裁量の範囲が大きく、下請負人に過大な負担を課す内容など、建設工事標準下請契約約款に比べて片務的な内容による契約については、結果として建設業法第19条の3により禁止される不当に低い請負代金（36ページ「4．不当に低い請負代金」参照）につながる可能性が高い契約となるので、適当ではない。

　また、発注者と元請負人の関係において、例えば、発注者が契約変更に応じないことを理由として、下請負人の責めに帰すべき理由がないにもかかわらず、下請負人に追加工事等の費用を負担させることは、元請負人としての責任を果たしているとはいえず、元請負人は発注者に対して発注者が契約変更等、適切な対応をとるよう働きかけを行うことが望ましい。

(7)　一定規模以上の解体工事等の場合は、契約書面にさらに以下の事項の記載が必要

　建設工事に係る資材の再資源化等に関する法律（平成12年法律第104号。以下「建設リサイクル法」という。）第13条では、一定規模*以上の解体工事等に係る下請契約を行う場合に、以下の①から④までの4事項を書面に記載し、署名又は記名押印をして相互に交付しなければならないこととなっており、そのような工事に

係る契約書面は上記(2)の①から⑮までの15事項に加え、以下の4事項の記載が必要となる。

① 分別解体等の方法
② 解体工事に要する費用
③ 再資源化等をするための施設の名称及び所在地
④ 再資源化等に要する費用

* 「一定規模」とは、次のそれぞれの規模をいう。

　ア　建築物に係る解体工事…当該建築物（当該解体工事に係る部分に限る。）の床面積の合計が80平方メートル

　イ　建築物に係る新築又は増築の工事…当該建築物（増築の工事にあっては、当該工事に係る部分に限る。）の床面積の合計が500平方メートル

　ウ　建築物に係る新築工事等（上記イを除く。）…その請負代金の額が1億円

　エ　建築物以外のものに係る解体工事又は新築工事等…その請負代金の額が500万円

　注　解体工事又は新築工事等を二以上の契約に分割して請け負う場合においては、これを一の契約で請け負ったものとみなして、前項に規定する基準を適用する。ただし、正当な理由に基づいて契約を分割したときは、この限りでない。

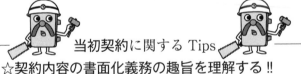

当初契約に関する Tips

☆契約内容の書面化義務の趣旨を理解する‼

　民法によれば請負契約は契約当事者間の合意により成立する諾成契約とされ、いわゆる口約束だけでも契約の効力が生じることとされています。しかしながら、口約束による契約の締結については、契約した内容が書面に残らず、内容が不明確となり、後日の紛争の原因ともなるので、建設業法においては、契約内容の書面化義務を課しています。

☆契約書面への法定項目の記載イメージ

　契約書面への法定項目の記載は次のように行います。

（1）基本契約書の取り交わしがある場合

右記以外の法定項目を記載　　工事内容、下請代金の額、
　　　　　　　　　　　　　　下請工事の工期等を記載

(2) 基本契約書の取り交わしがない場合

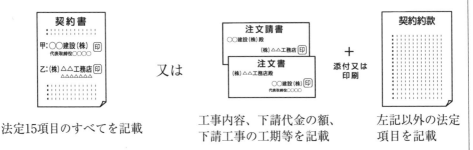

法定15項目のすべてを記載　　　工事内容、下請代金の額、　　左記以外の法定
　　　　　　　　　　　　　　　下請工事の工期等を記載　　　　項目を記載

☆法定項目は具体的に記載する‼

　例えば、ガイドラインにおいては、契約書面への法定記載事項である「工事内容」の記載に関し、工事一式といった曖昧な記載は避けるべきとされています。せっかく契約内容を書面化しても、その内容が曖昧なものでは、契約内容の不明確化を防ぎ後日の紛争を回避するという書面化の意義自体が失われます。そのため、契約書面への記載は具体的に行う必要があるのです。

☆電子契約による場合の留意事項

　契約書面を電子的に取り交わす場合には、建設業法が定める一定の技術的基準等を満たす方法により行う必要があることに注意する必要があります。詳しくは資料編133ページを参照してください。

☆用語解説

CI-NET

　CI-NET とは Construction Industry NETwork の略で、標準化された方法でコンピュータネットワークを利用し、建設生産に関わる様々な企業間の情報交換を実現し、建設産業全体の生産性向上を図ろうとするものです。

　（一財）建設業振興基金建設産業情報化推進センターは、国土交通省、学識経験者、関連団体、会員企業の協力を得て、建設産業における EDI 標準（建設産業用日本標準、CI-NET 標準）のほか、CAD データや建設資機材コード等の電子データ交換のための標準の策定、利用促進、広報・普及活動を行っています。

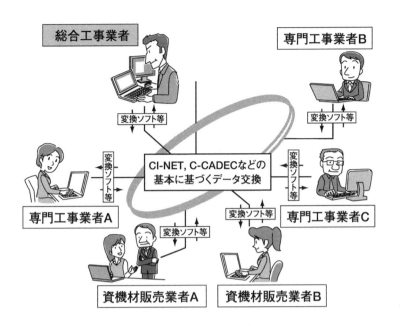

建設工事標準下請契約約款

　建設工事標準下請契約約款とは、中央建設業審議会^(※1)により作成された建設工事の下請契約のための契約約款のこと。契約約款とは契約に関する具体的な権利義務の内容を定めるものをいいます。

※1　中央建設業審議会

　建設業の改善に関する重要な事項を調査審議するために建設業法に基づき設置される審議会です。学識経験者、建設工事の需要者及び建設業者である委員で構成されています。

《この様な行為は建設業法上問題となります》

2-2 追加工事等に伴う追加・変更契約
（建設業法第19条第2項、第19条の3）

【建設業法上違反となる行為事例】

① 下請工事に関し追加工事等が発生したが、元請負人が書面による変更契約を行わなかった場合

② 下請工事に係る追加工事等について、工事に着手した後又は工事が終了した後に書面により契約変更を行った場合

③ 下請負人に対して追加工事等の施工を指示した元請負人が、発注者との契約変更手続が未了であることを理由として、下請契約の変更に応じなかった場合

④ 下請負人の責めに帰すべき理由がないにもかかわらず、下請工事の工期が当初契約の工期より短くなり、残された工期内に工事を完了させるため労働者の増員等が必要となった場合に、下請負人との協議にも応じず、元請負人の一方的な都合により変更の契約締結を行わなかった場合

⑤ 納期が数ヶ月先の契約を締結し、既に契約金額が確定しているにもかかわらず、実際の納入時期における資材価格の下落を踏まえ、下請負人と変更契約を締結することなく、元請負人の一方的な都合により、取り決めた代金を減額した場合

　上記①から⑤のケースは、いずれも建設業法第19条第2項に違反する。また、①から④のケースは必要な増額を行わなかった場合、⑤のケースは契約どおりの履行を行わなかった場合には、同法第19条の3に違反するおそれがある。

(1) 追加工事等の着工前に書面による契約変更が必要

　請負契約の当事者である元請負人と下請負人は、追加工事等の発生により請負契約の内容で当初の請負契約書に掲げる事項を変更するときは、建設業法第19条第2項により、当初契約を締結した際と同様に追加工事等の着工前にその変更の内容を書面に記載し、署名又は記名押印をして相互に交付しなければならないこととなっ

ている。これは、当初契約書において契約内容を明定しても、その後の変更契約が口約束で行われれば、当該変更契約の明確性及び正確性が担保されず、紛争を防止する観点からも望ましくないためであり、災害時等でやむを得ない場合を除き、原則として追加工事等の着工前に契約変更を行うことが必要である。

　元請負人及び下請負人が追加工事等に関する協議を円滑に行えるよう、下請工事の当初契約において、建設業法第19条第1項第6号に掲げる事項（当事者の一方から設計変更等の申し出があった場合における工期の変更、請負代金の額の変更又は損害の負担及びそれらの額の算定方法に関する定め）について、できる限り具体的に定めておくことが望ましい。

(2)　追加工事等の内容が直ちに確定できない場合の対応

　工事状況により追加工事等の全体数量等の内容がその着工前の時点では確定できない等の理由により、追加工事等の依頼に際して、その都度追加・変更契約を締結することが不合理な場合は、元請負人は、以下の事項を記載した書面を追加工事等の着工前に下請負人と取り交わすこととし、契約変更等の手続については、追加工事等の全体数量等の内容が確定した時点で遅滞なく行うものとする。
① 　下請負人に追加工事等として施工を依頼する工事の具体的な作業内容
② 　当該追加工事等が契約変更の対象となること及び契約変更等を行う時期
③ 　追加工事等に係る契約単価の額

(3)　元請負人が合理的な理由なく下請工事の契約変更を行わない場合は建設業法に違反

　追加工事等が発生しているにもかかわらず、例えば、元請負人が発注者との間で追加・変更契約を締結していないことを理由として、下請負人からの追加・変更契約の申出に応じない行為等、元請負人が合理的な理由もなく一方的に変更契約を行わない行為については、建設業法第19条第2項に違反する。

(4)　追加工事等の費用を下請負人に負担させることは、建設業法第19条の3に違反するおそれ

　追加工事等を下請負人の負担により施工させたことにより、下請代金の額が当初契約工事及び追加工事等を施工するために「通常必要と認められる原価」（36ページ「4．不当に低い請負代金」参照）に満たない金額となる場合には、当該元請下

請間の取引依存度等によっては、建設業法第19条の3の不当に低い請負代金の禁止に違反するおそれがある。

追加・変更契約に関する Tips

☆ 国交省調査 追加・変更契約に関し下請業者の16％が取引上の課題と認識‼

　国土交通省の委託調査「専門工事業者の重層下請構造に関する調査（H18.12）」によれば、アンケートに回答した下請業者の16％が、元請負人との取引上の課題として「工事変更に関し金額変更がない」を挙げています。同調査によれば、金額変更がないことに関し、下請業者は、元請業者の方針や所長次第という声が多かったとしています。

　ガイドラインにおいては、下請負人に対する追加工事等の発注に関し、追加工事等の都度正規の契約書面の取り交わしが困難である場合について、契約内容の書面化の観点から元請負人が行うべき対応方針を明らかにしています。

　なお、上記については、あくまで追加工事等の都度正規の契約書面の取り交わしが困難であることについて、合理的な理由がある場合に限った取り扱いとなっておりますので、その点には注意しておく必要があります。

3．工期
3－1　著しく短い工期の禁止
　　　（建設業法第19条の５）

> 【建設業法上違反となるおそれがある行為事例】
> ①　元請負人が、発注者からの早期の引渡しの求めに応じるため、下請負人に対して、一方的に当該下請工事を施工するために通常よりもかなり短い期間を示し、当該期間を工期とする下請契約を締結した場合
> ②　下請負人が、元請負人から提示された工事内容を適切に施工するため、通常必要と認められる期間を工期として提示したにも関わらず、それよりもかなり短い期間を工期とする下請契約を締結した場合
> ③　工事全体の一時中止、前工程の遅れ、元請負人が工事数量の追加を指示したなど、下請負人の責めに帰さない理由により、当初の下請契約において定めた工期を変更する際、当該変更後の下請工事を施工するために、通常よりもかなり短い期間を工期とする下請契約を締結した場合

　上記①から③のケースは、建設業法第19条の５に違反するおそれがある。

(1)　建設業における働き方改革のためには、適正な工期の確保が必要

　建設業就業者の年間の実労働時間は、全産業の平均と比べて相当程度長い状況となっており、建設業就業者の長時間労働の是正が急務となっている。また、長時間労働を前提とした短い工期での工事は、事故の発生や手抜き工事にもつながるおそれがあるため、建設工事の請負契約に際して、適正な工期設定を行う必要があり、通常必要と認められる期間と比して著しく短い期間を工期とする請負契約を締結することを禁止するものである。

　建設業法第19条の5の「通常必要と認められる期間に比して著しく短い期間」とは、単に定量的に短い期間を指すのではなく、建設工事において適正な工期を確保するための基準として作成された「工期に関する基準」（令和2年7月中央建設業審議会勧告。以下「工期基準」という。）等に照らして不適正に短く設定された期間をいう。したがって、建設工事を施工するために通常必要と認められる期間に比して著しく短い期間の工期（以下「著しく短い工期」という。）であるかの具体的な判断については、下請契約毎に、「工期基準」等を踏まえ、見積依頼の際に元請負人が下請負人に示した条件、下請負人が元請負人に提出した見積り等の内容、締結された請負契約の内容、当該工期を前提として請負契約を締結した事情、下請負人が「著しく短い工期」と認識する考え方、元請負人の工期に関する考え方、過去の同種類似工事の実績、賃金台帳等をもとに、

① 　契約締結された工期が、「工期基準」で示された内容を踏まえていないために短くなり、それによって、下請負人が違法な長時間労働などの不適正な状態で当該下請工事を施工することとなっていないか

② 　契約締結された工期が、過去の同種類似工事の工期と比して短い場合、工期が短くなることによって、下請負人が違法な長時間労働などの不適正な状態で当該下請工事を施工することとなっていないか

③ 　契約締結された工期が、下請負人が見積書で示した工期と比較して短い場合、工期が短くなることによって、下請負人が違法な長時間労働などの不適正な状態で当該下請工事を施工することとなっていないか

等を総合的に勘案したうえで、個別に判断されることとなる。

　ただし、第196回国会（常会）で成立した「働き方改革関連法」による改正労働基準法に基づき、令和6年4月1日から、建設業についても、災害時の復旧・復興事業を除き、時間外労働の罰則付き上限規制の一般則が適用されることを踏まえ、当該上限規制を上回る違法な時間外労働時間を前提として設定される工期は、例え、元請負人と下請負人との間で合意している場合であっても、「著しく短い工期」であると判断される。

　建設業法第19条の5により禁止される行為は、当初契約の締結に際して、著しく短い工期を設定することに限られず、契約締結後、下請負人の責に帰さない理由に

より、当初の契約どおり工事が進行しなかったり、工事内容に変更が生じるなどにより、工期を変更する契約を締結する場合、変更後の工事を施工するために著しく短い工期を設定することも該当する。

　なお、工期の変更時に紛争が生じやすいため、未然防止の観点から、当初契約の締結の際、建設工事標準下請契約約款第17条の規定（元請負人は、工期の変更をするときは、変更後の工期を建設工事を施工するために通常必要と認められる期間に比して著しく短い期間としてはならない。）を明記しておくことが重要である。

3－2　工期変更に伴う変更契約
（建設業法第19条第 2 項、第19条の 3 ）

【建設業法上違反となる行為事例】
① 　下請負人の責めに帰すべき理由がないにもかかわらず、下請工事の当初契約で定めた工期が変更になり、下請工事の費用が増加したが、元請負人が下請負人からの協議に応じず、書面による変更契約を行わなかった場合
② 　工事全体の一時中止、前工程の遅れ、元請負人が工事数量の追加を指示したことなどにより、下請負人が行う工事の工期に不足が生じているにもかかわらず、工期の変更について元請負人が下請負人からの協議に応じず、書面による変更契約を行わなかった場合

　上記①及び②のケースは、建設業法第19条第 2 項に違反するほか、必要な増額を行わなかった場合には同法第19条の 3 に違反するおそれがある。

(1)　工期変更にかかる工事の着工前に書面による契約変更が必要

　請負契約の当事者である元請負人と下請負人は、工期変更により請負契約で当初の請負契約書に掲げる事項を変更するときは、建設業法第19条第 2 項により、当初契約を締結した際と同様に工期変更にかかる工事の着工前にその変更の内容を書面に記載し、署名又は記名押印をして相互に交付しなければならない。
　元請負人及び下請負人が工期変更に関する協議を円滑に行えるよう、下請工事の当初契約において、建設業法第19条第 1 項第 6 号に掲げる事項（当事者の一方から工事着手の延期等の申し出があった場合における工期の変更、請負代金の額の変更又は損害の負担及びそれらの額の算定方法に関する定め）について、できる限り具体的に定めておくことが望ましい。

(2)　工事に着手した後に工期が変更になった場合、追加工事等の内容及び変更後の工期が直ちに確定できない場合の対応

　下請工事に着手した後に工期が変更になった場合は、契約変更等の手続については、変更後の工期が確定した時点で遅滞なく行うものとする。工期を変更する必要があると認めるに至ったが、変更後の工期の確定が直ちにできない場合には、工期の変更が契約変更等の対象となること及び契約変更等を行う時期を記載した書面を、工期を変更する必要があると認めた時点で下請負人と取り交わすこととし、契約変更等の手続については、変更後の工期が確定した時点で遅滞なく行うものとする。

(3)　下請負人の責めに帰すべき理由がないにもかかわらず工期が変更になり、これに起因して下請工事の費用が増加したが、元請負人が下請工事の変更を行わない場合は建設業法違反

　下請負人の責めに帰すべき理由がないにもかかわらず工期が変更になり、これに起因して下請工事の費用が増加したにもかかわらず、例えば、元請負人が発注者から増額変更が認められないことを理由として、下請負人からの契約変更の申し出に応じない行為等、必要な変更契約を行わない行為については、建設業法第19条第2項に違反する。

(4)　下請負人の責めに帰すべき理由がないにもかかわらず工期が変更になり、これに起因して下請工事の費用が増加した場合に、費用の増加分について下請負人に負担させることは、建設業法第19条の3に違反するおそれ

　下請負人の責めに帰すべき理由がないにもかかわらず工期が変更になり、これに起因して下請工事の費用が増加した場合に、費用の増加分について下請負人に負担させたことにより、下請代金の額が下請工事を施工するために「通常必要と認められる原価」（36ページ「4.不当に低い請負代金」参照）に満たない金額となる場合には、当該元請下請間の取引依存度等によっては、建設業法第19条の3の不当に低い請負代金の禁止に違反するおそれがある。

(5) 追加工事等の発生に起因する工期変更の場合の対応

　工事現場においては、工期の変更のみが行われる場合のほか、追加工事等の発生に起因して工期の変更が行われる場合が多いが、追加工事等の発生が伴う場合には、(1)から(4)のほか、追加工事等に伴う追加・変更契約に関する記述が該当する（24ページ「2－2　追加工事等に伴う追加・変更契約」参照）。

工期変更に伴う変更契約に関する Tips
　作業の遅延等により工期が変更になった場合には、変更契約を締結する必要があります。その際、費用や条件が変更になっていないか確認し、変更がある場合には、変更契約により対応することが必要です。

作業が遅れたので、
工期変更による
変更契約を行います。

ちゃんと変更契約を
行ってもらえるから
安心だわ。

元請負人　　　　　下請負人

3−3　工期変更に伴う増加費用
（建設業法第19条第2項、第19条の3）

【建設業法上違反となるおそれがある行為事例】

① 　元請負人の施工管理が不十分であったなど、下請負人の責めに帰すべき理由がないにもかかわらず下請工事の工程に遅れが生じ、その結果下請負人の工期を短縮せざるを得なくなった場合において、これに伴って発生した増加費用について下請負人との協議を行うことなく、その費用を一方的に下請負人に負担させた場合

② 　元請負人の施工管理が不十分であったなど、下請負人の責めに帰すべき理由がないにもかかわらず下請工事の工期が不足し、完成期日に間に合わないおそれがあった場合において、元請負人が下請負人との協議を行うことなく、他の下請負人と下請契約を締結し、又は元請負人自ら労働者を手配し、その費用を一方的に下請負人に負担させた場合

③ 　元請負人の都合により、下請工事が一時中断され、工期を延長した場合において、その間も元請負人の指示により下請負人が重機等を現場に待機させ、又は技術者等を確保していたにもかかわらず、これらに伴って発生した増加費用を一方的に下請負人に負担させた場合

④ 　元請負人の都合により、元請負人が発注者と締結した工期をそのまま下請負人との契約工期にも適用させ、これに伴って発生した増加費用を一方的に下請負人に負担させた場合

　上記①から④のケースは、いずれも建設業法第19条の3に違反するおそれがあるほか、同法第28条第1項第2号に該当するおそれがある。また、①から③のケースで変更契約を行わない場合には、建設業法第19条第2項に違反する。

(1) 工期に変更が生じた場合には、当初契約と同様に変更契約を締結することが必要

　建設工事の請負契約の当事者である元請負人及び下請負人は、当初契約の締結に当たって、適正な工期を設定すべきであり、また、元請負人は工程管理を適正に行うなど、できる限り工期に変更が生じないよう努めるべきであることはいうまでもない。しかし、工事現場の状況により、やむを得ず工期を変更することが必要になる場合も多い。このような場合には、建設業法第19条第2項により、当初契約を締結した際と同様に、変更の内容を書面に記載し、署名又は記名押印をして相互に交付しなければならないこととなっている（30ページ「3－2　工期変更に伴う変更契約」参照）。

　工期の変更に関する変更契約の締結に際しても、他の変更契約の締結の際と同様に、元請負人は、速やかに当該変更に係る工期や費用等について、下請負人と十分に協議を行う必要がある。合理的な理由もなく元請負人の一方的な都合により、下請負人の申し出に応じず、必要な変更契約の締結を行わない場合には、建設業法第19条第2項に違反する。

(2) 下請負人の責めに帰すべき理由がないにもかかわらず工期が変更になり、これに起因する下請工事の費用が増加した場合は、元請負人がその費用を負担することが必要

　下請負人の責めに帰すべき理由がないにもかかわらず、例えば、元請負人の施工管理が十分に行われなかったため、下請工事の工期を短縮せざるを得ず、労働者を集中的に配置した等の理由により、下請工事の費用が増加した場合には、その増加した費用については元請負人が負担する必要がある。

(3) 元請負人が、工期変更に起因する費用増を下請負人に一方的に負担させることは建設業法に違反するおそれ

　元請負人が下請負人に対して、自己の取引上の地位を利用して、一方的に下請代金の額を決定し、その額で下請契約を締結させた場合や、下請負人の責めに帰すべき理由がない工期の変更による下請工事の費用の増加を元請負人の都合により、一方的に下請負人に負担させ又は赤伝処理を行った結果、下請代金の額が「通常必要と認められる原価」（36ページ「4．不当に低い請負代金」参照）に満たない金額

となる場合には、当該元請下請間の取引依存度等によっては、建設業法第19条の3の不当に低い請負代金の禁止に違反するおそれがある。

　また、上記建設業法第19条第2項及び第19条の3に違反しない場合であっても、工期の変更により、元請負人が下請負人の利益を不当に害した場合には、その情状によっては、建設業法第28条第1項第2号の請負契約に関する不誠実な行為に該当するおそれがある。

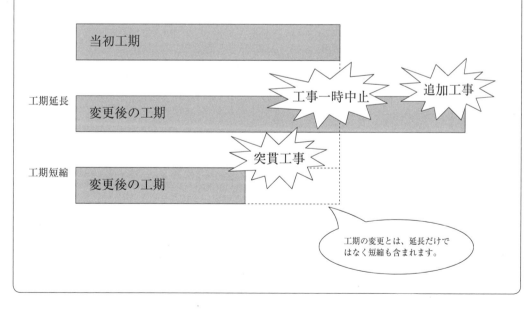

工期変更に関する Tips

　元請負人は、自ら総合的に企画、調整及び指導（施工計画の総合的な企画、工事全体の的確な施工を確保するための工程管理及び安全管理、工事目的物、工事仮設物、工事用資材等の品質管理、下請負人間の施工の調整、下請負人に対する技術指導、監督等）を行うこととされています。

　そのため、発注者から直接工事を請け負った元請負人が発注者又は近隣住民との調整不足により工期の変更を行った場合や、元請負人が各工程を施工する下請間の調整不足により工期の変更を行った場合については、原則、元請負人の責任となります。

　元請負人は、こうしたことを踏まえて、適切な工期設定を行うことが必要です。

当初工期

工期延長　変更後の工期

工事一時中止　追加工事

工期短縮　変更後の工期

突貫工事

工期の変更とは、延長だけではなく短縮も含まれます。

4．不当に低い請負代金
（建設業法第19条の3）

【建設業法上違反となるおそれがある行為事例】
① 元請負人が、自らの予算額のみを基準として、下請負人との協議を行うことなく、下請負人による見積額を大幅に下回る額で下請契約を締結した場合
② 元請負人が、契約を締結しない場合には今後の取引において不利な取扱いをする可能性がある旨を示唆して、下請負人との従来の取引価格を大幅に下回る額で、下請契約を締結した場合
③ 元請負人が、下請代金の増額に応じることなく、下請負人に対し追加工事を施工させた場合
④ 元請負人が、契約後に、取り決めた代金を一方的に減額した場合
⑤ 元請負人が、下請負人と合意することなく、端数処理と称して、一方的に減額して下請契約を締結した場合
⑥ 下請負人の見積書に法定福利費が明示され又は含まれているにもかかわらず、元請負人がこれを尊重せず、法定福利費を一方的に削除したり、実質的に法定福利費を賄うことができない金額で下請契約を締結した場合
⑦ 下請負人に対して、発注者提出用に法定福利費を適正に見積もった見積書を作成させ、実際には法定福利費等を削除した見積書に基づき契約を締結した場合
⑧ 元請負人が下請負人に対して、契約単価を一方的に提示し、下請負人と合意することなく、これにより積算した額で下請契約を締結した場合

　上記①から⑧のケースは、いずれも建設業法第19条の3に違反するおそれがある。

(1) 「不当に低い請負代金の禁止」の定義

　建設業法第19条の3の「不当に低い請負代金の禁止」とは、注文者が、自己の取引上の地位を不当に利用して、その注文した建設工事を施工するために通常必要と認められる原価に満たない金額を請負代金の額とする請負契約を請負人と締結することを禁止するものである。

　元請下請間における下請契約では、元請負人が「注文者」となり、下請負人が「請負人」となる。

(2) 「自己の取引上の地位の不当利用」とは、取引上優越的な地位にある元請負人が、下請負人を経済的に不当に圧迫するような取引等を強いること

　建設業法第19条の3の「自己の取引上の地位を不当に利用して」とは、取引上優越的な地位にある元請負人が、下請負人の指名権、選択権等を背景に、下請負人を経済的に不当に圧迫するような取引等を強いることをいう。

ア　取引上の優越的な地位

　取引上優越的な地位にある場合とは、下請負人にとって元請負人との取引の継続が困難になることが下請負人の事業経営上大きな支障をきたすため、元請負人が下請負人にとって著しく不利益な要請を行っても、下請負人がこれを受け入れざるを得ないような場合をいう。取引上優越的な地位に当たるか否かについては、元請下請間の取引依存度等により判断されることとなるため、例えば下請負人にとって大口取引先に当たる元請負人については、取引上優越的な地位に該当する蓋然性が高いと考えられる。

イ　地位の不当利用

　元請負人が、下請負人の指名権、選択権等を背景に、下請負人を経済的に不当に圧迫するような取引等を強いたか否かについては、下請代金の額の決定に当たり下請負人と十分な協議が行われたかどうかといった対価の決定方法等により判断されるものであり、例えば下請負人と十分な協議を行うことなく元請負人が価格を一方的に決定し当該価格による取引を強要する指値発注（42ページ「6．指値発注」参照）については、元請負人による地位の不当利用に当たるものと考えられる。

(3)　「通常必要と認められる原価」とは、工事を施工するために一般的に必要と認められる価格

　建設業法第19条の3の「通常必要と認められる原価」とは、当該工事の施工地域において当該工事を施工するために一般的に必要と認められる価格（直接工事費、共通仮設費及び現場管理費よりなる間接工事費、一般管理費（利潤相当額は含まない。）の合計額）をいい、具体的には、下請負人の実行予算や下請負人による再下請先、資材業者等との取引状況、さらには当該地域の施工区域における同種工事の請負代金額の実例等により判断することとなる。（併せて、70ページ「14—2　社会保険・労働保険等について」及び72ページ「14—3　労働災害防止対策について」参照）

(4)　建設業法第19条の3は契約変更にも適用

　建設業法第19条の3により禁止される行為は、当初契約の締結に際して、不当に低い請負代金を強制することに限られず、契約締結後元請負人が原価の上昇を伴うような工事内容の変更をしたのに、それに見合った下請代金の増額を行わないことや、一方的に下請代金を減額することにより原価を下回ることも含まれる。

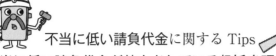

不当に低い請負代金に関する Tips

☆不当に低い請負代金が禁止されている趣旨を理解する‼

　請負代金の決定に当たっては、責任施工範囲、工事の難易度、施工条件等を反映した合理的なものとすることが必要です。

　下請工事の施工において、無理な手段、期間等を下請負人に強いることは、手抜き工事、不良工事等の原因となるばかりか、経済的基盤の弱い中小零細企業の経営の安定を阻害することになります。

　そこで、建設業法では、建設工事の注文者が自己の取引上の地位を不当に利用して、請負人に不当に低い請負代金を強いることを禁止しているのです。

☆ 国交省調査 原価割れ受注に関し下請業者の約４分の１が取引上の課題と認識‼

　国土交通省の委託調査「専門工事業者の重層下請構造に関する調査（H18.12）」によれば、アンケートに回答した下請業者の25.4％が、元請負人との取引上の課題として「請負金額の原価割れ」を挙げています。また、同調査においては、下請業者の多くが「断れば仕事が二度と来ない、断ったらおしまいの世界」と考えている旨についても指摘しています。

☆下請代金の決定に当たっては協議を尽くす‼

　不当に低い請負代金に該当するか否かは、ガイドラインにより示された①元請下請間の取引依存度等の状況、②下請代金の額の決定方法、③下請代金の額と下請負人における工事原価との関係等によって総合的に判断されます。

　上記の３事項のうち、「③下請負人の工事原価」は元請負人では詳細までは分からず、「①取引依存度」については元請下請間の取引実績により自動的に決定されるものであるのに対し、「②下請代金の額の決定方法」は、元請下請間でどの様な価格交渉等が行われたかという個々の下請取引ごとの元請下請間のやりとりの実態に関するものとなっています。

　そのため、元請負人においては、下請負人に対して原価割れ受注を強制することがないよう、下請負人が契約を断っても今後の取引において不利益な扱いを行わないことを明確に示すとともに、下請代金の額の決定に当たっては、下請負人の事情を十分考慮し、自らの積算根拠を明らかにするなどして、協議を尽くすことが法令違反を回避する最前の対応となるものと考えられます。

《この様な行為は建設業法上問題となります》

5．原材料費等の高騰・納期遅延等の状況における適正な請負代金の設定及び適正な工期の確保（建設業法第19条第２項、第19条の３、第19条の５）

> **【建設業法上違反となるおそれがある行為事例】**
>
> 　原材料費、労務費、エネルギーコスト等（以下「原材料費等」という。）の高騰や資材不足など元請負人及び下請負人双方の責めに帰さない理由により、施工に必要な費用の上昇、納期の遅延、工事全体の一時中止、前工程の遅れなどが発生しているにもかかわらず、追加費用の負担や工期について元請負人が下請負人からの協議に応じず、必要な変更契約を行わなかった場合

　上記のケースは、建設業法第19条第２項に違反し、第19条の３又は第19条の５に違反するおそれがあるほか、同法第28条第１項第２号に該当するおそれがある。

> (1) 　原材料費等の高騰や納期遅延が発生している状況においては、取引価格を反映した適正な請負代金の設定や納期の実態を踏まえた適正な工期の確保のため、請負代金及び工期の変更に関する規定を適切に設定・運用することが必要

　原材料費等の取引価格を反映した適正な請負代金の設定や納期の実態を踏まえた適正な工期の確保のため、請負契約の締結に当たっては、建設工事標準下請契約約款に記載の請負代金の変更に関する規定及び工期の変更に関する規定を適切に設定・運用するとともに、契約締結後においても下請負人から協議の申出があった場合には元請負人が適切に協議に応じること等により、状況に応じた必要な契約変更を実施するなど、適切な対応を図る必要がある。

　なお、下請中小企業振興法（昭和45年法律第145号）に基づく振興基準（令和４年７月29日、以下「振興基準」という。）において、建設など見積り及び発注から納品までの期間が長期にわたる取引においては、期中に原材料費等のコストが上昇した場合であって、下請事業者からの申出があったときは、親事業者は、期中の価格変更にできる限り柔軟に応じるものとするとされていることについても留意しな

ければならない。

　建設業法第19条の3（不当に低い請負代金の禁止）により禁止される行為は、当初契約の締結に際して不当に低い請負代金を強制することに限られず、契約締結後に原材料費等が高騰したにもかかわらず、それに見合った下請代金の増額を行わないことも含まれる。

　このため、原材料費等が高騰している状況において、元請負人が、自己の取引上の地位を不当に利用して、下請負人側からの協議に応じず、必要な変更契約を行わなかった結果、請負代金の額がその建設工事を施工するために通常必要と認められる原価に満たない金額となっている場合には、同条に違反するおそれがある。

　また、建設業法第19条の5（著しく短い工期の禁止）により禁止される行為は、当初契約の締結に際して著しく短い工期を設定することに限られず、契約締結後、原材料等の納期の遅延など下請負人の責めに帰さない理由により、当初の契約どおり工事が進行しない場合等において必要な工期の変更を行わないことも含まれる。

　このため、資材不足等により原材料費等の納期遅延が発生している状況において、その工期が、注文した建設工事を施工するために通常必要と認められる期間に比して著しく短い期間となっている場合には、同条に違反するおそれがある。

　なお、上記建設業法第19条第2項、第19条の3及び第19条の5に違反しない場合であっても、請負代金や工期について必要な変更を行わないことにより、元請負人が下請負人の利益を不当に害した場合には、その情状によっては、建設業法第28条第1項第2号の請負契約に関する不誠実な行為に該当するおそれがある。

　適正な請負代金の設定については、20ページ「2．書面による契約締結　2－1当初契約(5)、(6)」、25ページ「2－2追加工事等に伴う追加・変更契約(3)、(4)」を参照。

　適正な工期の確保については、27ページ「3．工期　3－1著しく短い工期の禁止」、30ページ「3．工期　3－2工期変更に伴う変更契約」、33ページ「3．工期　3－3工期変更に伴う増額費用」を参照。

　不当に低い請負代金については、36ページ「4．不当に低い請負代金」を参照。

6. 指値発注
（建設業法第18条、第19条第1項、第19条の3、第20条第4項）

【建設業法上違反となるおそれがある行為事例】

① 元請負人が自らの予算額のみを基準として、下請負人との協議を行うことなく、一方的に提供、又は貸与した安全衛生保護具等に係る費用、下請代金の額を決定し、その額で下請契約を締結した場合

② 元請負人が合理的根拠がないのにもかかわらず、下請負人による見積額を著しく下回る額で下請代金の額を一方的に決定し、その額で下請契約を締結した場合

③ 元請負人が下請負人に対して、複数の下請負人から提出された見積金額のうち最も低い額を一方的に下請代金の額として決定し、その額で下請契約を締結した場合

④ 元請負人が、下請負人から交付された見積書に記載されている労務費や法定福利費等の内容を検討することなく、一方的に一律○％を差し引きするなど、一定の割合を差し引いた額で下請契約を締結した場合

【建設業法上違反となる行為事例】

⑤ 元請下請間で請負代金の額に関する合意が得られていない段階で、下請負人に工事を着手させ、工事の施工途中又は工事終了後に元請負人が下請負人との協議に応じることなく下請代金の額を一方的に決定し、その額で下請契約を締結した場合

⑥ 元請負人が、下請負人が見積りを行うための期間を設けることなく、自らの予算額を下請負人に提示し、下請契約締結の判断をその場で行わせ、その額で下請契約を締結した場合

　上記①から⑥のケースは、いずれも建設業法第19条の3に違反するおそれがあるほか、同法第28条第1項第2号に該当するおそれがある。また、⑤のケースは同法第19条第1項に違反し、⑥のケースは同法第20条第4項に違反する。

元請負人が下請負人との請負契約を交わす際、下請負人と十分な協議をせず又は下請負人の協議に応じることなく、元請負人が一方的に決めた請負代金の額を下請負人に提示（指値）し、その額で下請負人に契約を締結させる、指値発注は、建設業法第18条の建設工事の請負契約の原則（各々の対等な立場における合意に基づいて公正な契約を締結する。）を没却するものである。

(1)　指値発注は建設業法に違反するおそれ

　指値発注は、元請負人としての地位の不当利用に当たるものと考えられ、下請代金の額がその工事を施工するために「通常必要と認められる原価」（36ページ「4．不当に低い請負代金」参照）に満たない金額となる場合には、当該元請下請間の取引依存度等によっては、建設業法第19条の3の不当に低い請負代金の禁止に違反するおそれがある。

　元請負人が下請負人に対して示した工期が、通常の工期に比べて短い工期である場合には、下請工事を施工するために「通常必要と認められる原価」は、元請負人が示した短い工期で下請工事を完成させることを前提として算定されるべきである。

　元請負人が、通常の工期を前提とした下請代金の額で指値をした上で短い工期で下請工事を完成させることにより、下請代金の額がその工事を施工するために「通常必要と認められる原価」（36ページ「4．不当に低い請負代金」参照）を下回る場合には、建設業法第19条の3に違反するおそれがある。

　また、下請負人が元請負人が指値した額で下請契約を締結するか否かを判断する期間を与えることなく、回答を求める行為については、建設業法第20条第4項の見積りを行うための一定期間の確保に違反する（13ページ「1．見積条件の提示等」参照）。

　さらに、元請下請間において請負代金の額の合意が得られず、このことにより契約書面の取り交わしが行われていない段階で、元請負人が下請負人に対し下請工事の施工を強要し、その後に下請代金の額を元請負人の指値により一方的に決定する行為は、建設業法第19条第1項に違反する（17ページ「2．書面による契約締結」参照）。

　なお、上記に該当しない場合についても、指値発注は、その情状によっては、建設業法第28条第1項第2号の請負契約に関する不誠実な行為に該当するおそれがある。

(2) 元請負人は、指値発注により下請契約を締結することがないよう留意することが必要

　下請契約の締結に当たり、元請負人が契約額を提示する場合には、自らが提示した額の積算根拠を明らかにして下請負人と十分に協議を行うなど、指値発注により下請契約を締結することがないよう留意すべきである。

指値発注に関する Tips

☆指値発注による不適切な下請取引に NO !!

　ガイドラインにおいては、指値発注による不適切な下請取引について、様々な観点から同行為が法令違反に問われる可能性を指摘しています。このことは、指値発注による不当な下請取引に対しては、建設業法のあらゆる規定を駆使して厳正に対処していくとの国土交通省の強い姿勢の表れと考えられます。

7．不当な使用資材等の購入強制
（建設業法第19条の４）

> **【建設業法上違反となるおそれがある行為事例】**
> ① 下請契約の締結後に、元請負人が下請負人に対して、下請工事に使用する資材又は機械器具等を指定、あるいはその購入先を指定した結果、下請負人は予定していた購入価格より高い価格で資材等を購入することとなった場合
> ② 下請契約の締結後、元請負人が指定した資材等を購入させたことにより、下請負人が既に購入していた資材等を返却せざるを得なくなり金銭面及び信用面における損害を受け、その結果、従来から継続的取引関係にあった販売店との取引関係が悪化した場合

　上記①及び②のケースは、いずれも建設業法第19条の４に違反するおそれがある。

(1)　「不当な使用資材等の購入強制」の定義

　建設業法第19条の４で禁止される「不当な使用資材等の購入強制」とは、請負契約の締結後に「注文者が、自己の取引上の地位を不当に利用して、請負人に使用資材若しくは機械器具又はこれらの購入先を指定し、これらを請負人に購入させて、その利益を害すること」である。
　元請下請間における下請契約では、元請負人が「注文者」となり、下請負人が「請負人」となる。

(2)　建設業法第19条の４は、下請契約の締結後の行為が規制の対象

　「不当な使用資材等の購入強制」が禁止されるのは、下請契約の締結後における行為に限られる。これは、元請負人の希望するものを作るのが建設工事の請負契約であるから、下請契約の締結に当たって、元請負人が、自己の希望する資材等やその購入先を指定することは、当然のことであり、これを認めたとしても下請負人はそれに従って適正な見積りを行い、適正な下請代金で契約を締結することができるため、下請負人の利益は何ら害されるものではないからである。

(3) 「自己の取引上の地位の不当利用」とは、取引上優越的な地位にある元請負人が、下請負人を経済的に不当に圧迫するような取引等を強いること

「自己の取引上の地位を不当に利用して」とは、取引上優越的な地位にある元請負人が、下請負人の指名権、選択権等を背景に、下請負人を経済的に不当に圧迫するような取引等を強いることをいう（36ページ「4.不当に低い請負代金」参照）。

(4) 「資材等又はこれらの購入先の指定」とは、商品名又は販売会社を指定すること

「請負人に使用資材若しくは機械器具又はこれらの購入先を指定し、これらを請負人に購入させて」とは、元請負人が下請工事の使用資材等について具体的に〇〇会社〇〇型というように会社名、商品名等を指定する場合又は購入先となる販売会社等を指定する場合をいう。

(5) 「請負人の利益を害する」とは、金銭面及び信用面において損害を与えること

「その利益を害する」とは、資材等を指定して購入させた結果、下請負人が予定していた資材等の購入価格より高い価格で購入せざるを得なかった場合、あるいは既に購入していた資材等を返却せざるを得なくなり金銭面及び信用面における損害を受け、その結果、従来から継続的取引関係にあった販売店との取引関係が極度に悪化した場合等をいう。

したがって、元請負人が指定した資材等の価格の方が下請負人が予定していた購入価格より安く、かつ、元請負人の指定により資材の返却等の問題が生じない場合には、下請負人の利益は害されたことにはならない。

(6) 元請負人が使用資材等の指定を行う場合には、見積条件として提示することが必要

使用資材等について購入先等の指定を行う場合には、元請負人は、あらかじめ見積条件としてそれらの項目を提示する必要がある。

不当な使用資材等の購入強制に関する Tips

☆不当な使用資材等の購入強制を禁止する趣旨を理解する‼

　契約の締結に当たって注文者が自己の希望する資材等やその購入先を指定したとしても、請負人はそれに従って適正な見積りを行い、適正な請負代金で契約を締結することができます。

　しかし、契約締結後に注文者より使用資材等の指定が行われると、既に使用資材、機械器具等を購入している請負人に損害を与えたり、資材等の購入価格が高くなってしまったりと、請負人の利益を不当に害するおそれがあるので、請負人の保護のため、このような行為は禁止されています。

　《契約の締結後に、この様な行為を行うことは建設業法上問題となります》

8．やり直し工事
（建設業法第18条、第19条第2項、第19条の3）

> 【建設業法上違反となるおそれがある行為事例】
> 　元請負人が、元請負人と下請負人の責任及び費用負担を明確にしないままやり直し工事を下請負人に行わせ、その費用を一方的に下請負人に負担させた場合

　上記のケースは、建設業法第19条第2項、第19条の3に違反するおそれがあるほか、同法第28条第1項第2号に該当するおそれがある。

(1)　やり直し工事を下請負人に依頼する場合は、やり直し工事が下請負人の責めに帰すべき場合を除き、その費用は元請負人が負担することが必要

　元請負人は下請工事の施工に関し下請負人と十分な協議を行い、また、明確な施工指示を行うなど、下請工事のやり直し（手戻り）が発生しない施工に努めることはもちろんであるが、やむを得ず、下請工事の施工後に、元請負人が下請負人に対して工事のやり直しを依頼する場合には、やり直し工事が下請負人の責めに帰すべき理由がある場合を除き、当該やり直し工事に必要な費用は元請負人が負担する必要がある。

(2)　下請負人の責めに帰さないやり直し工事を下請負人に依頼する場合は、契約変更が必要

　下請負人の責めに帰すべき理由がないのに、下請工事の施工後に、元請負人が下請負人に対して工事のやり直しを依頼する場合にあっては、元請負人は速やかに当該工事に必要となる費用について元請下請間で十分に協議した上で、契約変更を行う必要があり、元請負人が、このような契約変更を行わず、当該やり直し工事を下請負人に施工させた場合には、建設業法第19条第2項に違反する（24ページ「2－2　追加工事等に伴う追加・変更契約」参照）。

下請負人の一方的な費用負担は建設業法に違反するおそれ

　下請負人の責めに帰すべき理由がないのに、その費用を一方的に下請負人に負担させるやり直し工事によって、下請代金の額が、当初契約工事及びやり直し工事を施工するために「通常必要と認められる原価」（36ページ「４．不当に低い請負代金」参照）に満たない金額となる場合には、当該元請下請間の取引依存度等によっては、建設業法第19条の３の不当に低い請負代金の禁止に違反するおそれがある。

　また、上記建設業法第19条第２項及び第19条の３に違反しない場合であっても、やり直し工事により、元請負人が下請負人の利益を不当に害した場合には、その情状によっては、建設業法第28条第１項第２号の請負契約に関する不誠実な行為に該当するおそれがある。

(4)　**下請負人の責めに帰すべき理由がある場合とは、下請負人の施工が契約書面に明示された内容と異なる場合又は下請負人の施工に瑕疵等がある場合**

　下請負人の責めに帰すべき理由があるとして、元請負人が費用を全く負担することなく、下請負人に対して工事のやり直しを求めることができるのは、下請負人の施工が契約書面に明示された内容と異なる場合又は下請負人の施工に瑕疵等がある場合に限られる。なお、次の場合には、元請負人が費用の全額を負担することなく、下請負人の施工が契約書面と異なること又は瑕疵等があることを理由としてやり直しを要請することは認められない。

ア　下請負人から施工内容等を明確にするよう求めがあったにもかかわらず、元請負人が正当な理由なく施工内容等を明確にせず、下請負人に継続して作業を行わせ、その後、下請工事の内容が契約内容と異なるとする場合

イ　施工内容について下請負人が確認を求め、元請負人が了承した内容に基づき下請負人が施工したにもかかわらず、下請工事の内容が契約内容と異なるとする場合

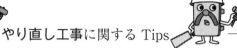

やり直し工事に関する Tips

☆やり直し工事は、原則として元請負人の費用負担において行う必要がある‼

　ガイドラインにおいては、やり直し工事は原則として元請負人の費用負担において行う必要があること、下請負人の費用負担によりやり直し工事を実施できるケースはガイドラインで示された一定の条件に該当する場合に限られることが明確化されています。

　そのため、やり直し工事について、元請負人が下請負人に費用負担を求めるためには、元請負人は下請負人に対し、当該やり直し工事がガイドラインに示された条件に合致することを立証する必要があります。

《この様な行為は建設業法上問題となります》

9．赤伝処理
（建設業法第18条、第19条、第19条の３、第20条第４項）

> 【建設業法上違反となるおそれがある行為事例】
> ① 元請負人が、下請負人と合意することなく、一方的に提供、又は貸与した安全衛生保護具等に係る費用、下請工事の施工に伴い副次的に発生した建設副産物（建設発生土等の再生資源及び産業廃棄物）の運搬及び処理に要する費用及び下請代金を下請負人の銀行口座へ振り込む際の手数料等を下請負人に負担させ、下請代金から差し引く場合
> ② 元請負人が、建設副産物の発生がない下請工事の下請負人から、建設副産物の処理費用との名目で、一定額を下請代金から差し引く場合
> ③ 元請負人が、元請負人の販売促進名目の協力費等、差し引く根拠が不明確な費用を、下請代金から差し引く場合
> ④ 元請負人が、工事のために自らが確保した駐車場、宿舎を下請負人に使用させる場合に、その使用料として実際にかかる費用より過大な金額を差し引く場合
> ⑤ 元請負人が、元請負人と下請負人の責任及び費用負担を明確にしないままやり直し工事を別の専門工事業者に行わせ、その費用を一方的に下請代金から減額することにより下請負人に負担させた場合

　上記①から⑤のケースは、いずれも建設業法第19条の３に違反するおそれがあるほか、同法第28条第１項第２号に該当するおそれがある。

　また、上記①のケースについて、当該事項を契約書面に記載しなかった場合には建設業法第19条、見積条件として具体的な内容を提示しなかった場合には同法第20条第４項に違反する。

　赤伝処理とは、元請負人が
① 一方的に提供・貸与した安全衛生保護具等の費用

② 下請代金の支払に関して発生する諸費用（下請代金の振り込み手数料等）

③ 下請工事の施工に伴い、副次的に発生する建設副産物の運搬処理費用

④ 上記以外の諸費用（駐車場代、弁当ごみ等のごみ処理費用、安全協力会費並びに建設キャリアアップシステムに係るカードリーダー設置費用及び現場利用料等）を下請代金の支払時に差し引く（相殺する）行為である。

(1) 赤伝処理を行う場合は、元請負人と下請負人双方の協議・合意が必要

赤伝処理を行うこと自体が直ちに建設業法上の問題となることはないが、赤伝処理を行うためには、その内容や差し引く根拠等について元請負人と下請負人双方の協議・合意が必要であることに、元請負人は留意しなければならない。

(2) 赤伝処理を行う場合は、その内容を見積条件・契約書面に明示することが必要

下請代金の支払に関して発生する諸費用、元請負人が一方的に提供・貸与した安全衛生保護具等の労働災害防止対策に要する費用及び下請工事の施工に伴い副次的に発生する建設副産物の処理費用について赤伝処理を行う場合には、元請負人は、その内容や差引額の算定根拠等について、見積条件や契約書面に明示する必要があり、当該事項を見積条件に明示しなかった場合については建設業法第20条第4項に、当該事項を契約書面に記載しなかった場合については同法第19条に違反する。

また、建設リサイクル法第13条では、建設副産物の再資源化に関する費用を契約書面に明示することを義務付けていることにも、元請負人は留意すべきである（17ページ「2−1　当初契約」参照）。

(3) 適正な手続に基づかない赤伝処理は建設業法に違反するおそれ

赤伝処理として、元請負人と下請負人双方の協議・合意がないまま元請負人が一方的に諸費用を下請代金から差引く行為や下請負人との合意はあるものの、差引く根拠が不明確な諸費用を下請代金から差引く行為又は実際に要した諸費用（実費）より過大な費用を下請代金から差引く行為等は、建設業法第18条の建設工事の請負契約の原則（各々の対等な立場における合意に基づいて公正な契約を締結する。）を没却することとなるため、元請負人の一方的な赤伝処理については、その情状によっては、建設業法第28条第1項第2号の請負契約に関する不誠実な行為に該当す

るおそれがある。

　なお、赤伝処理によって、下請代金の額が、その工事を施工するために「通常必要と認められる原価」（36ページ「４．不当に低い請負代金」参照）に満たない金額となる場合には、当該元請下請間の取引依存度等によっては、建設業法第19条の３の不当に低い請負代金の禁止に違反するおそれがある。

> ## (4)　赤伝処理は下請負人との合意のもとで行い、差引額についても下請負人の過剰負担となることがないよう十分に配慮することが必要

　赤伝処理は、下請負人に費用負担を求める合理的な理由があるものについて、元請負人が、下請負人との合意のもとで行えるものである。元請負人は、赤伝処理を行うに当たっては、差引額の算出根拠、使途等を明らかにして、下請負人と十分に協議を行うとともに、例えば、安全協力費については下請工事の完成後に当該費用の収支について下請負人に開示するなど、その透明性の確保に努め、赤伝処理による費用負担が下請負人に過剰なものにならないよう十分に配慮する必要がある。

　また、赤伝処理に関する元請下請間における合意事項については、駐車場代等建設業法第19条の規定による書面化義務の対象とならないものについても、後日の紛争を回避する観点から、書面化して相互に取り交わしておくことが望ましい。

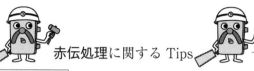

赤伝処理に関する Tips

☆ 国交省調査 一方的な赤伝処理に関し下請業者の約5分の1が取引上の課題と認識 !!

　国土交通省の委託調査「専門工事業者の重層下請構造に関する調査（H18.12）」によれば、アンケートに回答した下請業者の20.2%が、元請負人との取引上の課題として「赤伝票により出来高払金から一方的に控除される」を挙げています。同調査によれは、赤伝処理される項目として、クレーン代、図面コピー代、駐車場代、ゴミ処分代、片付け費用、安全関係（コーン等）、残コン処分費、安全管理費、清掃費、協力会費、養生費、ホールインアンカーの費用等が挙げられています。

　ガイドラインにおいて、国土交通省は赤伝処理（下請代金の支払時における諸費用の相殺処理）に関する建設業法上の取扱いを明確化しています。

　ガイドラインにおいては、建設業法上問題となる不適切な相殺行為について解説するとともに、赤伝処理を行うための手続面（下請負人の事前合意、契約書面等への明記等）について具体的に規定しています。

　赤伝処理を行う建設企業においては、ガイドラインを踏まえ、自社における赤伝処理の内容について、再点検を行う必要があると言えます。

《この様な行為は建設業法上問題となります》

今月現場でかかった諸費用は、支払から差し引かせてもらいました

元請

そんな〜現場の諸経費を引かれるなんて一言も聞いていないし廃棄物なんかぜんぜん出していないのに…

下請

赤伝処理は協議合意のうえ行いましょう

10. 下請代金の支払

10—1 支払保留・支払遅延
（建設業法第24条の3、第24条の6）

> **【建設業法上違反となるおそれがある行為事例】**
> ① 下請契約に基づく工事目的物が完成し、元請負人の検査及び元請負人への引渡しが終了しているにもかかわらず、下請負人からの請求行為がないことを理由に、元請負人が下請負人に対し、法定期限を超えて下請代金を支払わない場合
> ② 建設工事の前工程である基礎工事、土工事、鉄筋工事等について、それぞれの工事が完成し、元請負人の検査及び引渡しを終了したが、元請負人が下請負人に対し、工事全体が終了（発注者への完成引渡しが終了）するまでの長期間にわたり保留金として下請代金の一部を支払わない場合
> ③ 工事全体が終了したにもかかわらず、元請負人が他の工事現場まで保留金を持ち越した場合
> ④ 元請負人が注文者から請負代金の出来形部分に対する支払を受けたにもかかわらず、下請負人に対して、元請負人が支払を受けた金額の出来形に対する割合に相応する下請代金を、支払を受けた日から1月以内に支払わない場合

　上記①から③のケースは、いずれも建設業法第24条の3及び第24条の6に違反するおそれがあり、④のケースは同法第24条の3に違反するおそれがある。

　下請代金については、元請負人と下請負人の合意により交わされた下請契約に基づいて適正に支払われなければならない。

　建設業法第24条の3で、元請負人が注文者から請負代金の出来形部分に対する支払又は工事完成後における支払を受けたときは、下請負人に対して、元請負人が支払を受けた金額の出来形に対する割合及び下請負人が施工した出来形部分に相応する下請代金を、支払を受けた日から1月以内で、かつ、できる限り短い期間内に支払わなければならないと定められている。

また、建設業法第24条の6では、元請負人が特定建設業者であり下請負人が一般建設業者（資本金額が4,000万円以上の法人であるものを除く。）である場合、発注者から工事代金の支払があるか否かにかかわらず、下請負人が引渡しの申出を行った日から起算して50日以内で、かつ、できる限り短い期間内において期日を定め下請代金を支払わなければならないと定められている。そのため、特定建設業者の下請代金の支払期限については、注文者から出来高払又は竣工払を受けた日から1月を経過する日か、下請負人が引渡しの申出を行った日から起算して50日以内で定めた支払期日のいずれか早い期日となる。

　なお、建設業者は、下請工事の目的物の引渡しを受けた年月日を記載した帳簿を備え、一定期間保存しなければならない（64ページ「12. 帳簿の備付け・保存及び営業に関する図書の保存」参照）。

(1)　正当な理由がない長期支払保留は建設業法に違反

　工事が完成し、元請負人の検査及び引渡しが終了後、正当な理由がないにもかかわらず長期間にわたり保留金として下請代金の一部を支払わないことは、建設業法第24条の3又は同法第24条の6に違反する。

(2)　望ましくは下請代金をできるだけ早期に支払うこと

　元請負人が特定建設業者か一般建設業者かを問わず、また、下請負人の資本金の額が4,000万円未満かを問わず、元請負人は下請負人に対し下請代金の支払はできるだけ早い時期に行うことが望ましい。

10—2　下請代金の支払手段
　　　　（建設業法第24条の3第2項）

【建設業法上望ましくない行為事例】
① 　下請代金の支払を全額手形払いで行う場合
② 　労務費相当分に満たない額を現金で支払い、残りは手形で支払う場合

　　下請代金の支払いはできる限り現金によるものとし、少なくとも下請代金のうち労務費に相当する部分については、現金で支払うよう適切な配慮をすることが必要。また、下請代金を手形で支払う際には、現金化にかかる割引料等のコストや手形サイトに配慮をすることが必要

　建設業法第24条の3第2項に、「下請代金のうち労務費に相当する部分については、現金で支払うよう適切な配慮をしなければならない」と規定されている。下請代金を現金で支払うことは、下請負人における労働者の雇用の安定を図る上で重要であることから、下請代金の支払はできる限り現金によるものとし、少なくとも労務費相当分（社会保険料の本人負担分を含む）を現金払とするような支払条件を設定する必要がある。

　また、下請代金支払遅延等防止法及び下請中小企業振興法の趣旨に鑑み、下請代金の支払に係る考え方を改めて整理した、「下請代金の支払手段について」（令和3年3月31日20210322中庁第2号・公取企第25号。以下「手形通達」という。）において、次のとおり下請取引の適正化に努めるよう要請されているため、元請負人はこの点についても留意しなければならない。

＜参考＞
○下請代金の支払手段について（令和3年3月31日　20210322　中庁第2号・公取企第25号）
　（略）
　　　　　　　　　　　　　　　　　記
　親事業者による下請代金の支払については、以下によるものとする。
1　下請代金の支払は、できる限り現金によるものとすること。

2　手形等により下請代金を支払う場合には、当該手形等の現金化にかかる割引料等のコストについて、下請事業者の負担とすることのないよう、これを勘案した下請代金の額を親事業者と下請事業者で十分協議して決定すること。当該協議を行う際、親事業者と下請事業者の双方が、手形等の現金化にかかる割引料等のコストについて具体的に検討できるように、親事業者は、支払期日に現金により支払う場合の下請代金の額並びに支払期日に手形等により支払う場合の下請代金の額及び当該手形等の現金化にかかる割引料等のコストを示すこと。※

3　下請代金の支払に係る手形等のサイトについては、60日以内とすること。

4　前記1から3までの要請内容については、新型コロナウイルス感染症による現下の経済状況を踏まえつつ、おおむね3年以内を目途として、可能な限り速やかに実施すること。

※　割引料等のコストについては、実際に下請事業者が近時に割引をした場合の割引料等の実績等を聞くなどにより把握する方法が考えられる。

　また、手形通達によって要請されている取組に加えて、振興基準において、約束手形をできる限り利用しないよう努めること及びサプライチェーン全体で約束手形の利用の廃止等に向けた取組を進めることとされていること、「新しい資本主義のグランドデザイン及び実行計画フォローアップ（令和4年6月7日閣議決定）」において令和8年の約束手形の利用の廃止に向けた取組を促進する旨閣議決定されていること、金融業界に対し、令和8年に手形交換所における約束手形の取扱いを廃止することの可否について検討するよう要請されていること等を踏まえ、建設業界においても、発注者も含めて関係者全体で、約束手形の利用の廃止等に向けて、前金払等の充実、振込払い及び電子記録債権への移行、支払サイトの短縮等の取組を進めていくよう努めること、また、元請負人及び下請負人の関係のみならず、資材業者、建設機械又は仮設機材の賃貸業者、警備業者、運送事業者、建設関連業者等との関係においても同様の取組を進めることが重要であることについても留意しなければならない。

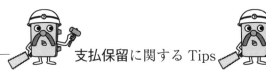

支払保留に関する Tips

☆下請代金の支払いに関する 2 つのルールを理解する !!

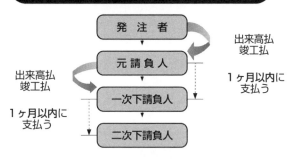

<上位注文者から出来高払・竣工払の支払を受けたら>
ルール①　1月以内の支払ルール

発 注 者

元 請 負 人

一次下請負人

二次下請負人

出来高払
竣工払

1ヶ月以内に
支払う

出来高払
竣工払

1ヶ月以内に
支払う

<特定建設業者が資本金4,000万円未満の一般建設業者に下請負させた場合>
ルール②　特定建設業者の50日以内の支払ルール

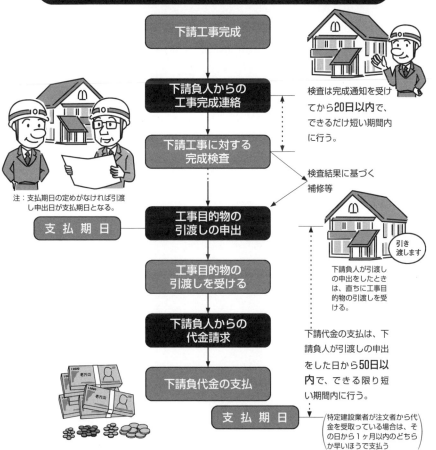

下請工事完成

下請負人からの
工事完成連絡

下請工事に対する
完成検査

工事目的物の
引渡しの申出

支 払 期 日

工事目的物の
引渡しを受ける

下請負人からの
代金請求

下請負代金の支払

支 払 期 日

検査は完成通知を受け
てから20日以内で、
できるだけ短い期間内
に行う。

検査結果に基づく
補修等

注：支払期日の定めがなければ引渡
し申出日が支払期日となる。

引き
渡します

下請負人が引渡し
の申出をしたとき
は、直ちに工事目
的物の引渡しを受
ける。

下請代金の支払は、下
請負人が引渡しの申出
をした日から50日以
内で、できる限り短
い期間内に行う。

特定建設業者が注文者から代
金を受取っている場合は、そ
の日から1ヶ月以内のどちら
か早いほうで支払う

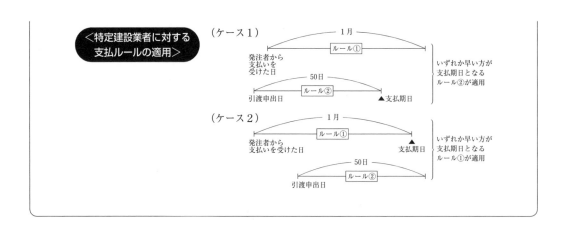

11. 長期手形
（建設業法第24条の 6 第 3 項）

> **【建設業法上違反となるおそれがある行為事例】**
> 　特定建設業者である元請負人が、手形期間が120日を超える手形により下請代金の支払を行った場合

　上記のケースは、建設業法第24条の 6 第 3 項に違反するおそれがある。

　建設業法第24条の 6 第 3 項では、元請負人が特定建設業者であり下請負人が資本金4,000万円未満の一般建設業者である場合、下請代金の支払に当たって一般の金融機関による割引を受けることが困難であると認められる手形を交付してはならないとされている。

割引を受けることが困難な長期手形の交付は建設業法に違反

　元請負人が手形期間120日を超える長期手形を交付した場合は、「割引を受けることが困難である手形の交付」と認められる場合があり、その場合には建設業法第24条の 6 第 3 項に違反する。

　なお、手形等のサイトの短縮について（令和 4 年 2 月16日20211206中庁第 1 号・公取企第131号）において、公正取引委員会及び中小企業庁が、おおむね令和 6 年までに、60日を超えるサイトの約束手形、一括決済方式及び電子記録債権を、下請代金支払遅延等防止法上「割引困難な手形」等に該当するおそれがあるものとして指導の対象とすることを前提として、同法の運用の見直しの検討を行うこととしていることに留意すること。

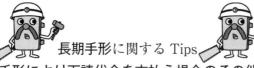

長期手形に関する Tips

☆手形により下請代金を支払う場合のその他の留意事項‼

　手形については、割引によって現金払とほぼ同等の効果を期待することができますが、手形の割引はその時の金融情勢、金融慣行、下請契約における注文者の信用度等の事情並びに手形の支払期間により影響を受ける不確定なものであるため、手形払が現金払に比べ下請負人にとって不利であることはいうまでもありません。

　現金払と手形払を併用する場合に、現金払の割合が労務費相当分さえ充たすことができない程低くなると、資金繰り等のため下請負人の経営状態を圧迫し、あるいは賃金不払を惹起しかねません。

　下請代金の支払を現金・手形併用払で行う場合には、契約時に当該下請契約に係る労務費相当分を査定し、現金払の割合が少なくとも労務費相当分を充たすように支払条件を設定する必要があります。

12. 不利益取扱いの禁止
（建設業法第24条の5）

【建設業法上違反となるおそれがある行為事例】

① 　下請負人が、元請負人との下請契約の締結後、不当に使用資材等の購入を強制されたことを監督行政庁に通報したため、元請負人が下請代金支払の際に一方的に減額した場合

② 　下請負人が、元請負人から下請代金の支払に際し、正当な理由なく長期支払保留を受けたとし、監督行政庁に通報したため、元請負人が今後の取引を停止した場合

上記①及び②のケースは、いずれも建設業法第24条の5に違反するおそれがある。

国土交通省では、建設業に係る法令違反行為の疑義情報を受け付ける窓口として、各地方整備局等に「駆け込みホットライン」を設置しているが、元請負人からの報復を危惧して匿名希望で相談が寄せられるケースも少なからず見受けられる。このため、建設業法上の元請負人の義務に違反する行為について、下請負人が安心して国土交通大臣等に対して通報・相談し、必要に応じて元請負人に対する是正措置が図られるような環境整備が必要であることから、建設業法第24条の5が規定されたところである。

元請負人が同法第24条の5に掲げられた、不当に低い請負代金での請負契約の締結、不当な使用資材等の購入強制、正当な理由がない長期の支払い保留などの違反行為をしたとして、下請負人が国土交通大臣等、公正取引委員会又は中小企業庁長官にその事実を通報したことを契機として調査を受けるに至った等（その結果が行政指導や監督処分に至ったかどうかを問わない）のことがあった場合に、当該下請負人に対して取引の停止その他の不利益な取扱いをしてはならないことが同条に規定されており、このような事実があった場合には同条に違反するおそれがある。

なお、同様の不利益取扱い禁止の規定は、「建設業の下請取引に関する不公正な取引方法の認定基準」（昭和47年4月1日公正取引委員会事務局長通達第4号）記10において既に定められており、独占禁止法違反にも該当することとなる。

13. 帳簿の備付け・保存及び営業に関する図書の保存
（建設業法第40条の3）

【建設業法上違反となる行為事例】
①　建設業を営む営業所に帳簿及び添付書類が備付けられていなかった場合
②　帳簿及び添付書類は備付けられていたが、5年間保存されていなかった場合
③　発注者から直接請け負った建設工事の完成図等の営業に関する図書が、10年間保存されていなかった場合

　上記①から③のケースは、いずれも建設業法第40条の3に違反する。
※　③については、平成20年11月28日以降に工事目的物の引渡しをしたものに限る。

(1)　営業所ごとに、帳簿を備え、5年間保存することが必要

　建設業法第40条の3では、建設業者は営業所ごとに、営業に関する事項を記録した帳簿を備え、5年間（平成21年10月1日以降については、発注者と締結した住宅を新築する建設工事に係るものにあっては、10年間。）保存しなければならないとされている。（建設業法施行規則（昭和24年建設省令第14号）第28条第1項）。

(2)　帳簿には、営業所の代表者の氏名、請負契約・下請契約に関する事項などを記載することが必要

　帳簿に記載する事項は以下のとおりである（建設業法施行規則（昭和24年建設省令第14号）第26条第1項）。
①　営業所の代表者の氏名及びその者が営業所の代表者となった年月日
②　注文者と締結した建設工事の請負契約に関する事項
　・請け負った建設工事の名称及び工事現場の所在地
　・注文者と請負契約を締結した年月日
　・注文者の商号・名称（氏名）、住所、許可番号
　・請け負った建設工事の完成を確認するための検査が完了した年月日
　・工事目的物を注文者に引渡した年月日

③ 発注者（宅地建物取引業者を除く。）と締結した住宅を新築する建設工事の請負契約に関する事項
　・当該住宅の床面積
　・建設瑕疵負担割合（発注者と複数の建設業者の間で請負契約が締結された場合）
　・住宅瑕疵担保責任保険法人の名称（資力確保措置を保険により行った場合）
④ 下請負人と締結した建設工事の下請契約に関する事項
　・下請負人に請け負わせた建設工事の名称及び工事現場の所在地
　・下請負人と下請契約を締結した年月日
　・下請負人の商号・名称、住所、許可番号
　・下請負人に請け負わせた建設工事の完成を確認するための検査を完了した年月日
　・下請工事の目的物について下請負人から引渡しを受けた年月日
⑤ 特定建設業者が注文者となって資本金4,000万円未満の法人又は個人である一般建設業者と下請契約を締結したときは、上記の記載事項に加え、以下の事項
　・支払った下請代金の額、支払年月日及び支払手段
　・支払手形を交付したとき…その手形の金額、交付年月日及び手形の満期
　・下請代金の一部を支払ったとき…その後の下請代金の残額
　・遅延利息を支払ったとき…その額及び支払年月日
※ 上記の帳簿は電磁的記録によることも可能。

(3) 帳簿には契約書などを添付することが必要

　帳簿には、契約書若しくはその写し又はその電磁的記録を添付しなければならない（建設業法施行規則第26条第2項、第7項）。
　また、以下の場合にはこれらの書類に加え、次のそれぞれの書類を添付する。
ア 特定建設業者が注文者となって資本金4,000万円未満の法人又は個人である一般建設業者と下請契約を締結した場合は、下請負人に支払った下請代金の額、支払年月日及び支払手段を証明する書類（領収書等）又はその写しを添付
イ 自社が、発注者から直接請け負った建設工事について、公共工事にあっては下請契約を締結した場合、それ以外の建設工事にあっては下請契約の総額が4,000万円（建築一式工事の場合6,000万円。）以上となる場合は、工事完成後（建設業法施行規則第26条第3項）に施工体制台帳のうち以下に掲げる事項が記載された部分を添付
　・自社が実際に工事現場に置いた主任技術者又は監理技術者の氏名及びその有する主任技術者資格又は監理技術者資格

・自社が主任技術者又は監理技術者以外に専門技術者を置いたときは、その者の氏名、その者が管理をつかさどる建設工事の内容及びその有する主任技術者資格
・下請負人の商号又は名称及び許可番号
・下請負人に請け負わせた建設工事の内容及び工期
・下請負人が実際に工事現場に置いた主任技術者の氏名及びその有する主任技術者資格
・下請負人が主任技術者以外に専門技術者を置いたときは、その者の氏名、その者が管理をつかさどる建設工事の内容及びその有する主任技術者資格
※　上記の帳簿の添付書類は電磁的記録によることも可能。

(4) 発注者から直接建設工事を請け負った場合は、営業所ごとに、営業に関する図書を10年間保存することが必要

　発注者から直接建設工事を請け負った場合は、営業所ごとに、以下の営業に関する図書を当該建設工事の目的物の引渡をしたときから10年間保存しなければならないとされている。(建設業法施行規則第26条第5項、第8項、第28条第2項)
①　完成図(建設業者が作成した場合又は発注者から受領した場合のみ。)
②　工事内容に関する発注者との打ち合わせ記録(相互に交付したものに限る。)
③　施工体系図(法令上施工体系図の作成が義務付けられている場合のみ(公共工事にあっては下請契約を締結した場合、それ以外の建設工事にあっては下請契約の総額が4,000万円(建築一式工事の場合は6,000万円。)以上となる場合。)。
※　平成20年11月28日以降に引渡をしたものから適用。なお、上記の図書は電磁的記録によることも可能。

帳簿の備付け及び保存に関する Tips

☆**法定帳簿の作成は社内のコンプライアンス状況の確認にも資する!!**

　建設業法による法定帳簿には、建設工事の請負に関して各企業が建設業法に則った措置を講じたか否かの記録が記載されることとなります。そのため、法定帳簿を作成することは、自社の業務が法令に照らして適正に履行できているかどうかの確認作業を兼ねるものともなり、当該法定帳簿の作成過程を通じた自社業務の監査・改善の積み重ねは、建設企業が社内に法令遵守を徹底させていく上で非常に大きな意義があるものと考えられます。

☆**用語解説**

　帳簿に記載することとなる遅延利息

　　建設業法第24条の6第4項では、特定建設業者による下請代金の支払遅延に関し、遅延利息（年14.6％）の支払義務が規定されています。

14. 関係法令
14—1　独占禁止法との関係について

　建設業法第42条では、国土交通大臣又は都道府県知事は、その許可を受けた建設業者が第19条の3（不当に低い請負代金の禁止）、第19条の4（不当な使用資材等の購入強制の禁止）、第24条の3（下請代金の支払）第1項、第24条の4（検査及び引渡し）又は第24条の6（特定建設業者の下請代金の支払期日等）第3項若しくは第4項の規定に違反している事実があり、その事実が私的独占の禁止及び公正取引の確保に関する法律（昭和22年法律第54号。以下「独占禁止法」という。）第19条の規定に違反していると認めるときは、公正取引委員会に対して措置請求を行うことができると規定している。

　また、公正取引委員会は、独占禁止法第19条の規定の適用に関して、建設業の下請取引における不公正な取引方法の認定基準（昭和47年4月1日公正取引委員会事務局長通達第4号。以下「認定基準」という。）を示している。

　なお、本ガイドラインと関係のある認定基準は以下のとおりである。

① 　「2—2　追加工事等に伴う追加・変更契約」、「3—2　工期変更に伴う変更契約」、「3—3　工期変更に伴う増加費用」、「4．不当に低い請負代金」及び「8．やり直し工事」に関しては、認定基準の6に掲げる「不当に低い請負代金」及び認定基準の7に掲げる「不当減額」

② 　「6．指値発注」に関しては、認定基準の6に掲げる「不当に低い請負代金」

③ 　「7．不当な使用資材等の購入強制」に関しては、認定基準の8に掲げる「購入強制」

④ 　「9．赤伝処理」に関しては、認定基準の7に掲げる「不当減額」

⑤ 　「10—1　支払保留・支払遅延」に関しては、認定基準の3に掲げる「注文者から支払を受けた場合の下請代金の支払」及び認定基準の4に掲げる「特定建設業者の下請代金の支払」

⑥ 　「11．長期手形」に関しては、認定基準の5に掲げる「交付手形の制限」

独占禁止法との関係についてに関する Tips

☆建設工事の下請不適正取引については、建設業法及び独占禁止法の2法により
　規制‼

　建設業の下請取引については、建設業法による規制のほか、事業者による不公
正な取引方法を禁止する「独占禁止法」によっても規制がなされています。その
ため、建設工事の下請不適正取引については、建設業法により調査権を付与され
た国土交通省や都道府県の建設業許可部局のほか、独占禁止法を所管する公正取
引委員会が調査等を行います。

　また、独占禁止法を所管する公正取引委員会では、建設業の下請取引における
独占禁止法上の取扱いを明確化するため、「建設業の下請取引における不公正な
取引方法の認定基準」を定めています。

14―2　社会保険・労働保険等について

　社会保険や労働保険は労働者が安心して働くために必要な制度である。このため、社会保険、労働保険は強制加入の方式がとられている。

　健康保険と厚生年金保険については、法人の場合にはすべての事業所について、個人経営の場合でも常時5人以上の従業員を使用する限り、必ず加入手続を行わなければならない。また、雇用保険については建設事業主の場合、個人経営か法人かにかかわらず、労働者を1人でも雇用する限り、必ず加入手続をとらなければならない。

　これらの保険料は、建設業者が義務的に負担しなければならない法定福利費であり、建設業法第19条の3に規定する「通常必要と認められる原価」に含まれるものである。

　このため、元請負人及び下請負人は見積時から法定福利費を必要経費として適正に確保する必要がある。

　建設業者は、建設業法第20条第1項において、建設工事の経費の内訳を明らかにして見積りを行うよう努めなければならないこととされている。このため、下請負人は自ら負担しなければならない法定福利費を適正に見積もり、標準見積書の活用等により法定福利費相当額を内訳明示すべきであり、下請負人の見積書に法定福利費相当額が明示されているにもかかわらず、元請負人がこれを尊重せず、法定福利費相当額を一方的に削減したり、法定福利費相当額を含めない金額で建設工事の請負契約を締結し、その結果「通常必要と認められる原価」に満たない金額となる場合には、当該元請下請間の取引依存度等によっては、建設業法第19条の3の不当に低い請負代金の禁止に違反するおそれがある。

　また、社会保険・労働保険への加入は法律で義務づけられているので、保険未加入業者は、その情状によっては、建設業法第28条第1項第3号の「その業務に関し他の法令に違反し、建設業者として不適当」に該当するおそれがある。特に、令和2年10月1日以降は、建設業許可・更新申請に際して、社会保険・労働保険に加入していることが許可要件となり、中でも令和2年10月1日以降に建設業許可を取得（更新も含む。）した者については、許可取得後に社会保険・労働保険に加入していないことが発覚した場合は、建設業法第29条第1項第1号（許可の取消し）に該当するため、十分留意する必要がある。

　加えて、上記の法定福利費と同様に、中小企業退職金共済法の規定に基づく建設業退職金共済制度の加入事業者が、公共工事、民間工事の別を問わず、その雇用する者すべてに対して賃金を支払う都度、納付しなければならない建退共掛金につい

ても、工事の施工に直接従事する建設労働者に係る必要経費であり、建設業法第19
条の３に規定する「通常必要と認められる原価」に含まれるものであるため、適正
に確保することが必要であり、元請負人が下請負人に対して、本来充当すべき掛金
納付の辞退を求めることがないようにしなければならない。

○詳しくは、「社会保険の加入に関する下請指導ガイドライン」参照。

14—3　労働災害防止対策について

　労働安全衛生法（昭和47年法律第57号）は、建設工事現場において、元請負人及び下請負人に対して、それぞれの立場に応じて、労働災害防止対策を講ずることを義務づけている。

　したがって、当該対策に要する経費は、元請負人及び下請負人が義務的に負担しなければならない費用であり、建設業法第19条の3に規定する「通常必要と認められる原価」に含まれるものである。

　元請負人は、建設工事現場における労働災害防止対策を適切に実施するため、「1．見積条件の提示等」並びに「元方事業者による建設現場安全管理指針」（平成7年4月21日労働省基発第267号の2。以下「元方安全管理指針」という。）3及び14を踏まえ、見積条件の提示の際、労働災害防止対策の実施者及びそれに要する経費の負担者の区分を明確にすることにより、下請負人が、自ら実施しなければならない労働災害防止対策を把握できるとともに、自ら負担しなければならない経費を適正に見積ることができるようにしなければならない。

　下請負人は、元請負人から提示された労働災害防止対策の実施者及びそれに要する経費の負担者の区分をもとに、自ら負担しなければならない労働災害防止対策に要する経費を適正に見積り、元請負人に交付する見積書に明示すべきである。

　元請負人は、下請負人から交付された労働災害防止対策に要する経費が明示された見積書を尊重しつつ、建設業法第18条を踏まえ、対等な立場で下請負人との契約交渉をしなければならない。

　また、元請負人及び下請負人は、「2．書面による契約締結」並びに「元方安全管理指針」3及び14を踏まえ、契約書面の施工条件等に、労働災害防止対策の実施者及びそれに要する経費の負担者の区分を記載し明確にするとともに、下請負人が負担しなければならない労働災害防止対策に要する経費のうち、施工上必要な経費と切り離し難いものを除き、労働災害防止対策を講ずるためのみに要する経費については、契約書面の内訳書などに明示することが必要である。

　なお、下請負人の見積書に適正な労働災害防止対策に要する経費が明示されているにもかかわらず、元請負人がこれを尊重せず、当該経費相当額を一方的に削減したり、当該経費相当額を含めない金額で建設工事の請負契約を締結し、その結果「通常必要と認められる原価」に満たない金額となる場合には、当該元請下請間の取引依存度等によっては、建設業法第19条の3の不当に低い請負代金の禁止に違反するおそれがある。

14—4　建設工事で発生する建設副産物について

　建設現場では、土砂、コンクリート塊等の再生資源や産業廃棄物（以下これらを「建設副産物」と総称する。）が発生する。建設現場で発生した廃棄物混じりの土砂等は、建設現場等で土砂等と廃棄物に分別することが必要であり、分別された廃棄物については、廃棄物の処理及び清掃に関する法律（昭和45年法律第137号。以下「廃棄物処理法」という。）に基づき適正な処理を行うことが必要である。

　廃棄物処理法では、事業者は、その事業活動に伴って生じた廃棄物を自らの責任において適正に処理しなければならないと規定されており、建設工事では原則として、発注者から直接建設工事を請け負った元請負人が適切な処理を行う排出事業者としての義務を遵守する必要がある。

　また、廃棄物が混じっていない土砂等（廃棄物と分別後のものを含む。）は、資源の有効な利用の促進に関する法律（平成3年法律第48号）に基づき、発注者から直接建設工事を請け負った元請負人のもと、他工事での利用など、再生資源としての利用を促進する必要がある。

　したがって、建設現場から発生する建設副産物を他工事や再資源化施設、処分場等に運搬するための経費や、その処理に要する経費は、建設業者が義務的に負担しなければならない費用であり、建設業法第19条の3に規定する「通常必要と認められる原価」に含まれるものである。

　元請負人及び下請負人は、建設現場から発生した建設副産物の適正な処理を行うため、建設副産物の適正処理の実施者及びそれに要する経費の負担者の区分を明確化し、「2．書面による契約締結」を踏まえ、契約書面の内訳書などに明示することが望ましい。また、下請負人は、自ら実施しなければならない建設副産物の適正処理に要する経費を適正に見積り、元請負人に交付する見積書に明示すべきである。

　元請負人は、下請負人から交付された建設副産物の適正処理に要する経費が明示された見積書を尊重しつつ、建設業法第18条を踏まえ、対等な立場で下請負人との契約交渉をしなければならない。

　なお、下請負人の見積書に建設副産物の処理に要する経費が明示されているにもかかわらず、元請負人がこれを尊重せず、当該経費相当額を一方的に削減したり、当該経費相当額を含めない金額で建設工事の請負契約を締結し、その結果「通常必要と認められる原価」に満たない金額となる場合には、当該元請下請間の取引依存度等によっては、建設業法第19条の3の不当に低い請負代金の禁止に違反するおそれがある。

また、建設副産物の処理等に要する経費について、契約締結後の状況により予期せぬ変更が生じた場合にも、元請負人と下請負人が協議の上、適切に変更契約を行い請負代金に反映することが必要である。追加的に発生した建設副産物の処理等に要する費用を下請負人に負担させ、その結果「通常必要と認められる原価」に満たない金額となる場合にも、当該元請下請間の取引依存度等によっては、建設業法第19条の3の不当に低い請負代金の禁止に違反するおそれがある。

（資　料　編）

I　ガイドラインに関係する資料

1　建設業法関係

(1)　建設業法（抄）〔昭和24年5月24日法律第100号〕

最終改正　令和4年6月17日法律第68号

（建設工事の請負契約の原則）

第18条　建設工事の請負契約の当事者は、各々の対等な立場における合意に基いて公正な契約を締結し、信義に従つて誠実にこれを履行しなければならない。

（建設工事の請負契約の内容）

第19条　建設工事の請負契約の当事者は、前条の趣旨に従つて、契約の締結に際して次に掲げる事項を書面に記載し、署名又は記名押印をして相互に交付しなければならない。

一　工事内容

二　請負代金の額

三　工事着手の時期及び工事完成の時期

四　工事を施工しない日又は時間帯の定めをするときは、その内容

五　請負代金の全部又は一部の前金払又は出来形部分に対する支払の定めをするときは、その支払の時期及び方法

六　当事者の一方から設計変更又は工事着手の延期若しくは工事の全部若しくは一部の中止の申出があつた場合における工期の変更、請負代金の額の変更又は損害の負担及びそれらの額の算定方法に関する定め

七　天災その他不可抗力による工期の変更又は損害の負担及びその額の算定方法に関する定め

八　価格等（物価統制令（昭和21年勅令第118号）第2条に規定する価格等をいう。）の変動若しくは変更に基づく請負代金の額又は工事内容の変更

九　工事の施工により第三者が損害を受けた場合における賠償金の負担に関する定め

十　注文者が工事に使用する資材を提供し、又は建設機械その他の機械を貸与するときは、その内容及び方法に関する定め

十一　注文者が工事の全部又は一部の完成を確認するための検査の時期及び方法並びに引渡しの時期

十二　工事完成後における請負代金の支払の時期及び方法

十三　工事の目的物が種類又は品質に関して契約の内容に適合しない場合におけるその不適合を担保すべき責任又は当該責任の履行に関して講ずべき保証保険契約の締結その他の措置に関する定めをするときは、その内容

十四　各当事者の履行の遅滞その他債務の不履行の場合における遅延利息、違約金その他の損害金

十五　契約に関する紛争の解決方法

十六　その他国土交通省令で定める事項

2　請負契約の当事者は、請負契約の内容で前項に掲げる事項に該当するものを変更するとき

は、その変更の内容を書面に記載し、署名又は記名押印をして相互に交付しなければならない。

3　建設工事の請負契約の当事者は、前2項の規定による措置に代えて、政令で定めるところにより、当該契約の相手方の承諾を得て、電子情報処理組織を使用する方法その他の情報通信の技術を利用する方法であつて、当該各項の規定による措置に準ずるものとして国土交通省令で定めるものを講ずることができる。この場合において、当該国土交通省令で定める措置を講じた者は、当該各項の規定による措置を講じたものとみなす。

（不当に低い請負代金の禁止）

第19条の3　注文者は、自己の取引上の地位を不当に利用して、その注文した建設工事を施工するために通常必要と認められる原価に満たない金額を請負代金の額とする請負契約を締結してはならない。

（不当な使用資材等の購入強制の禁止）

第19条の4　注文者は、請負契約の締結後、自己の取引上の地位を不当に利用して、その注文した建設工事に使用する資材若しくは機械器具又はこれらの購入先を指定し、これらを請負人に購入させて、その利益を害してはならない。

（著しく短い工期の禁止）

第19条の5　注文者は、その注文した建設工事を施工するために通常必要と認められる期間に比して著しく短い期間を工期とする請負契約を締結してはならない。

（建設工事の見積り等）

第20条　建設業者は、建設工事の請負契約を締結するに際して、工事内容に応じ、工事の種別ごとの材料費、労務費その他の経費の内訳並びに工事の工程ごとの作業及びその準備に必要な日数を明らかにして、建設工事の見積りを行うよう努めなければならない。

2　建設業者は、建設工事の注文者から請求があつたときは、請負契約が成立するまでの間に、建設工事の見積書を交付しなければならない。

3　建設業者は、前項の規定による見積書の交付に代えて、政令で定めるところにより、建設工事の注文者の承諾を得て、当該見積書に記載すべき事項を電子情報処理組織を使用する方法その他の情報通信の技術を利用する方法であつて国土交通省令で定めるものにより提供することができる。この場合において、当該建設業者は、当該見積書を交付したものとみなす。

4　建設工事の注文者は、請負契約の方法が随意契約による場合にあつては契約を締結するまでに、入札の方法により競争に付する場合にあつては入札を行うまでに、第19条第1項第一号及び第三号から第十六号までに掲げる事項について、できる限り具体的な内容を提示し、かつ、当該提示から当該契約の締結又は入札までに、建設業者が当該建設工事の見積りをするために必要な政令で定める一定の期間を設けなければならない。

【建設業法施行令】

（建設工事の見積期間）

第6条　法第20条第4項に規定する見積期間は、次に掲げるとおりとする。ただし、やむを得ない事情があるときは、第二号及び第三号の期間は、5日以内に限り短縮することができる。

一　工事一件の予定価格が5百万円に満たない工事については、1日以上

（工期等に影響を及ぼす事象に関する情報の提供）

第20条の2　建設工事の注文者は、当該建設工事について、地盤の沈下その他の工期又は請負代金の額に影響を及ぼすものとして国土交通省令で定める事象が発生するおそれがあると認めるときは、請負契約を締結するまでに、建設業者に対して、その旨及び当該事象の状況の把握のため必要な情報を提供しなければならない。

（下請代金の支払）

第24条の3　元請負人は、請負代金の出来形部分に対する支払又は工事完成後における支払を受けたときは、当該支払の対象となつた建設工事を施工した下請負人に対して、当該元請負人が支払を受けた金額の出来形に対する割合及び当該下請負人が施工した出来形部分に相応する下請代金を、当該支払を受けた日から1月以内で、かつ、できる限り短い期間内に支払わなければならない。

2　前項の場合において、元請負人は、同項に規定する下請代金のうち労務費に相当する部分については、現金で支払うよう適切な配慮をしなければならない。

3　元請負人は、前払金の支払を受けたときは、下請負人に対して、資材の購入、労働者の募集その他建設工事の着手に必要な費用を前払金として支払うよう適切な配慮をしなければならない。

（不利益取扱いの禁止）

第24条の5　元請負人は、当該元請負人について第19条の3、第19条の4、第24条の3第1項、前条又は次条第3項若しくは第4項の規定に違反する行為があるとして下請負人が国土交通大臣等（当該元請負人が許可を受けた国土交通大臣又は都道府県知事をいう。）、公正取引委員会又は中小企業庁長官にその事実を通報したことを理由として、当該下請負人に対して、取引の停止その他の不利益な取扱いをしてはならない。

（特定建設業者の下請代金の支払期日等）

第24条の6　特定建設業者が注文者となつた下請契約（下請契約における請負人が特定建設業者又は資本金額が政令で定める金額以上の法人であるものを除く。以下この条において同じ。）における下請代金の支払期日は、第24条の4第2項の申出の日（同項ただし書の場合にあつては、その一定の日。以下この条において同じ。）から起算して50日を経過する日以前において、かつ、できる限り短い期間内において定められなければならない。

2　特定建設業者が注文者となつた下請契約において、下請代金の支払期日が定められなかつたときは第24条の4第2項の申出の日が、前項の規定に違反して下請代金の支払期日が定められたときは同条第2項の申出の日から起算して50日を経過する日が下請代金の支払期日と定められたものとみなす。

3　特定建設業者は、当該特定建設業者が注文者となつた下請契約に係る下請代金の支払につき、当該下請代金の支払期日までに一般の金融機関（預金又は貯金の受入れ及び資金の融通を業とする者をいう。）による割引を受けることが困難であると認められる手形を交付してはな

らない。

4　特定建設業者は、当該特定建設業者が注文者となつた下請契約に係る下請代金を第1項の規定により定められた支払期日又は第2項の支払期日までに支払わなければならない。当該特定建設業者がその支払をしなかつたときは、当該特定建設業者は、下請負人に対して、第24条の4第2項の申出の日から起算して50日を経過した日から当該下請代金の支払をする日までの期間について、その日数に応じ、当該未払金額に国土交通省令で定める率を乗じて得た金額を遅延利息として支払わなければならない。

【建設業法施行令】
（法第24条の6第1項の金額）
第7条の2　法第24条の6第1項の政令で定める金額は、4千万円とする。

（指示及び営業の停止）
第28条　国土交通大臣又は都道府県知事は、その許可を受けた建設業者が次の各号のいずれかに該当する場合又はこの法律の規定（第19条の3、第19条の4、第24条の3第1項、第24条の4、第24条の5並びに第24条の6第3項及び第4項を除き、公共工事の入札及び契約の適正化の促進に関する法律（平成12年法律第127号。以下「入札契約適正化法」という。）第15条第1項の規定により読み替えて適用される第24条の8第1項、第2項及び第4項を含む。第4項において同じ。）、入札契約適正化法第15条第2項若しくは第3項の規定若しくは特定住宅瑕疵担保責任の履行の確保等に関する法律（平成19年法律第66号。以下この条において「履行確保法」という。）第3条第6項、第4条第1項、第7条第2項、第8条第1項若しくは第2項若しくは第10条第1項の規定に違反した場合においては、当該建設業者に対して、必要な指示をすることができる。特定建設業者が第41条第2項又は第3項の規定による勧告に従わない場合において必要があると認めるときも、同様とする。

一　建設業者が建設工事を適切に施工しなかつたために公衆に危害を及ぼしたとき、又は危害を及ぼすおそれが大であるとき。

二　建設業者が請負契約に関し不誠実な行為をしたとき。

三　建設業者（建設業者が法人であるときは、当該法人又はその役員等）又は政令で定める使用人がその業務に関し他の法令（入札契約適正化法及び履行確保法並びにこれに基づく命令を除く。）に違反し、建設業者として不適当であると認められるとき。

四　建設業者が第22条第1項若しくは第2項又は第26条の3第9項の規定に違反したとき。

五　第26条第1項又は第2項に規定する主任技術者又は監理技術者が工事の施工の管理について著しく不適当であり、かつ、その変更が公益上必要であると認められるとき。

六　建設業者が、第3条第1項の規定に違反して同項の許可を受けないで建設業を営む者と下請契約を締結したとき。

七　建設業者が、特定建設業者以外の建設業を営む者と下請代金の額が第3条第1項第二号の政令で定める金額以上となる下請契約を締結したとき。

八　建設業者が、情を知つて、第3項の規定により営業の停止を命ぜられている者又は第29条の4第1項の規定により営業を禁止されている者と当該停止され、又は禁止されている営業の範囲に係る下請契約を締結したとき。

九　履行確保法第3条第1項、第5条又は第7条第1項の規定に違反したとき。

2　都道府県知事は、その管轄する区域内で建設工事を施工している第3条第1項の許可を受けないで建設業を営む者が次の各号のいずれかに該当する場合においては、当該建設業を営む者に対して、必要な指示をすることができる。

一　建設工事を適切に施工しなかつたために公衆に危害を及ぼしたとき、又は危害を及ぼすおそれが大であるとき。

二　請負契約に関し著しく不誠実な行為をしたとき。

3　国土交通大臣又は都道府県知事は、その許可を受けた建設業者が第1項各号のいずれかに該当するとき若しくは同項若しくは次項の規定による指示に従わないとき又は建設業を営む者が前項各号のいずれかに該当するとき若しくは同項の規定による指示に従わないときは、その者に対し、1年以内の期間を定めて、その営業の全部又は一部の停止を命ずることができる。

4　都道府県知事は、国土交通大臣又は他の都道府県知事の許可を受けた建設業者で当該都道府県の区域内において営業を行うものが、当該都道府県の区域内における営業に関し、第1項各号のいずれかに該当する場合又はこの法律の規定、入札契約適正化法第15条第2項若しくは第3項の規定若しくは履行確保法第3条第6項、第4条第1項、第7条第2項、第8条第1項若しくは第2項若しくは第10条第1項の規定に違反した場合においては、当該建設業者に対して、必要な指示をすることができる。

5　都道府県知事は、国土交通大臣又は他の都道府県知事の許可を受けた建設業者で当該都道府県の区域内において営業を行うものが、当該都道府県の区域内における営業に関し、第1項各号のいずれかに該当するとき又は同項若しくは前項の規定による指示に従わないときは、その者に対し、1年以内の期間を定めて、当該営業の全部又は一部の停止を命ずることができる。

6　都道府県知事は、前2項の規定による処分をしたときは、遅滞なく、その旨を、当該建設業者が国土交通大臣の許可を受けたものであるときは国土交通大臣に報告し、当該建設業者が他の都道府県知事の許可を受けたものであるときは当該他の都道府県知事に通知しなければならない。

7　国土交通大臣又は都道府県知事は、第1項第一号若しくは第三号に該当する建設業者又は第2項第一号に該当する第3条第1項の許可を受けないで建設業を営む者に対して指示をする場合において、特に必要があると認めるときは、注文者に対しても、適当な措置をとるべきことを勧告することができる。

（帳簿の備付け等）

第40条の3　建設業者は、国土交通省令で定めるところにより、その営業所ごとに、その営業に関する事項で国土交通省令で定めるものを記載した帳簿を備え、かつ、当該帳簿及びその営業に関する図書で国土交通省令で定めるものを保存しなければならない。

【建設業法施行規則】

（帳簿の記載事項等）

第26条　法第40条の3の国土交通省令で定める事項は、次のとおりとする。

一　営業所の代表者の氏名及びその者が当該営業所の代表者となつた年月日

二　注文者と締結した建設工事の請負契約に関する次に掲げる事項

イ　請け負つた建設工事の名称及び工事現場の所在地

ロ　イの建設工事について注文者と請負契約を締結した年月日、当該注文者（その法定代

　　　理人を含む。）の商号、名称又は氏名及び住所並びに当該注文者が建設業者であるとき
　　　は、その者の許可番号
　　ハ　イの建設工事の完成を確認するための検査が完了した年月日及び当該建設工事の目的
　　　物の引渡しをした年月日
　三　発注者（宅地建物取引業法（昭和27年法律第176号）第2条第三号に規定する宅地建物
　　取引業者を除く。以下この号及び第28条において同じ。）と締結した住宅を新築する建設
　　工事の請負契約に関する次に掲げる事項
　　イ　当該住宅の床面積
　　ロ　当該住宅が特定住宅瑕疵担保責任の履行の確保等に関する法律施行令（平成19年政令
　　　第395号）第3条第1項の建設新築住宅であるときは、同項の書面に記載された二以上
　　　の建設業者それぞれの建設瑕疵負担割合（同項に規定する建設瑕疵負担割合をいう。以
　　　下この号において同じ。）の合計に対する当該建設業者の建設瑕疵負担割合の割合
　　ハ　当該住宅について、住宅瑕疵担保責任保険法人（特定住宅瑕疵担保責任の履行の確保
　　　等に関する法律（平成19年法律第66号）第17条第1項に規定する住宅瑕疵担保責任保険
　　　法人をいう。）と住宅建設瑕疵担保責任保険契約（同法第2条第5項に規定する住宅建
　　　設瑕疵担保責任保険契約をいう。）を締結し、保険証券又はこれに代わるべき書面を発
　　　注者に交付しているときは、当該住宅瑕疵担保責任保険法人の名称
　四　下請負人と締結した建設工事の下請契約に関する次に掲げる事項
　　イ　下請負人に請け負わせた建設工事の名称及び工事現場の所在地
　　ロ　イの建設工事について下請負人と下請契約を締結した年月日、当該下請負人（その法
　　　定代理人を含む。）の商号又は名称及び住所並びに当該下請負人が建設業者であるとき
　　　は、その者の許可番号
　　ハ　イの建設工事の完成を確認するための検査を完了した年月日及び当該建設工事の目的
　　　物の引渡しを受けた年月日
　　ニ　ロの下請契約が法第24条の6第1項に規定する下請契約であるときは、当該下請契約
　　　に関する次に掲げる事項
　　　⑴　支払つた下請代金の額、支払つた年月日及び支払手段
　　　⑵　下請代金の全部又は一部の支払につき手形を交付したときは、その手形の金額、手
　　　　形を交付した年月日及び手形の満期
　　　⑶　下請代金の一部を支払つたときは、その後の下請代金の残額
　　　⑷　遅延利息を支払つたときは、その遅延利息の額及び遅延利息を支払つた年月日
　2　法第40条の3に規定する帳簿には、次に掲げる書類を添付しなければならない。
　　一　法第19条第1項及び第2項の規定による書面又はその写し
　　二　前項第四号ロの下請契約が法第24条の6第1項に規定する下請契約であるときは、当該
　　　下請契約に関する同号ニ⑴に掲げる事項を証する書面又はその写し
　　三　前項第二号イの建設工事について施工体制台帳を作成しなければならないときは、当該
　　　施工体制台帳のうち次に掲げる事項が記載された部分（第14条の5第1項の規定により次
　　　に掲げる事項の記載が省略されているときは、当該事項が記載された同項の書類を含む。）
　　　イ　主任技術者又は監理技術者の氏名及びその有する主任技術者資格又は監理技術者資
　　　　格、監理技術者補佐を置くときは、その者の氏名及びその者が有する監理技術者補佐資

　　格並びに第14条の２第１項第二号トに規定する者を置くときは、その者の氏名、その者
　　が管理をつかさどる建設工事の内容及びその者が有する主任技術者資格
　　ロ　当該建設工事の下請負人の商号又は名称及び当該下請負人が建設業者であるときは、
　　　その者の許可番号
　　ハ　ロの下請負人が請け負つた建設工事の内容及び工期
　　ニ　ロの下請負人が置いた主任技術者の氏名及びその有する主任技術者資格並びにロの下
　　　請負人が第14条の２第１項第四号へに規定する者を置くときは、その者の氏名、その者
　　　が管理をつかさどる建設工事の内容及びその有する主任技術者資格
３　第14条の７に規定する時までの間は、前項第三号に掲げる書類を法第40条の３に規定する
　帳簿に添付することを要しない。
４　第２項の規定により添付された書類に第１項各号に掲げる事項が記載されているときは、
　同項の規定にかかわらず、法第40条の３に規定する帳簿の当該事項を記載すべき箇所と当該
　書類との関係を明らかにして、当該事項の記載を省略することができる。
５　法第40条の３の国土交通省令で定める図書は、発注者から直接建設工事を請け負つた建設
　業者（作成建設業者を除く。）にあつては第一号及び第二号に掲げるもの又はその写し、作
　成建設業者にあつては第一号から第三号までに掲げるもの又はその写しとする。
　一　建設工事の施工上の必要に応じて作成し、又は発注者から受領した完成図（建設工事の
　　目的物の完成時の状況を表した図をいう。）
　二　建設工事の施工上の必要に応じて作成した工事内容に関する発注者との打合せ記録（請
　　負契約の当事者が相互に交付したものに限る。）
　三　施工体系図
６　第１項各号に掲げる事項が電子計算機に備えられたファイル又は磁気ディスク等に記録さ
　れ、必要に応じ当該営業所において電子計算機その他の機器を用いて明確に紙面に表示され
　るときは、当該記録をもつて法第40条の３に規定する帳簿への記載に代えることができる。
７　第２項各号に掲げる書類がスキャナにより読み取る方法その他これに類する方法により、
　電子計算機に備えられたファイル又は磁気ディスク等に記録され、必要に応じ当該営業所に
　おいて電子計算機その他の機器を用いて明確に紙面に表示されるときは、当該記録をもつて
　同項各号に規定する添付書類に代えることができる。
８　第５項各号に掲げる図書が電子計算機に備えられたファイル又は磁気ディスク等に記録さ
　れ、必要に応じ当該営業所において電子計算機その他の機器を用いて明確に紙面に表示され
　るときは、当該記録をもつて同項各号の図書に代えることができる。
　（帳簿の記載方法等）
第27条　前条第１項各号に掲げる事項の記載（同条第６項の規定による記録を含む。次項にお
　いて同じ。）及び同条第２項各号に掲げる書類の添付は、請け負つた建設工事ごとに、それ
　ぞれの事項又は書類に係る事実が生じ、又は明らかになつたとき（同条第１項第一号に掲げ
　る事項にあつては、当該建設工事を請け負つたとき）に、遅滞なく、当該事項又は書類につ
　いて行わなければならない。
２　前条第１項各号に掲げる事項について変更があつたときは、遅滞なく、当該変更があつた
　年月日を付記して変更後の当該事項を記載しなければならない。
　（帳簿及び図書の保存期間）

第28条　法第40条の3に規定する帳簿（第26条第6項の規定による記録が行われた同項のファイル又は磁気ディスクを含む。）及び第26条第2項の規定により添付された書類の保存期間は、請け負つた建設工事ごとに、当該建設工事の目的物の引渡しをしたとき（当該建設工事について注文者と締結した請負契約に基づく債権債務が消滅した場合にあつては、当該債権債務の消滅したとき）から5年間（発注者と締結した住宅を新築する建設工事に係るものにあつては、10年間）とする。

　2　第26条第5項に規定する図書（同条第8項の規定による記録が行われた同項のファイル又は磁気ディスクを含む。）の保存期間は、請け負つた建設工事ごとに、当該建設工事の目的物の引渡しをしたときから10年間とする。

(2) 建設工事標準下請契約約款〔昭和52年4月26日中央建設業審議会決定〕

最終改正　令和元年12月13日

〔注1〕　この約款は、第一次下請段階における標準的な工事請負契約を念頭において、下請段階における請負契約の標準的約款として作成されたものである。

〔注2〕　個々の契約に当たっては、建設工事の種類、規模等に応じ契約の慣行又は施工の実態からみて必要があるときは、当該条項を削除し、又は変更するものとすること。この場合において、契約における元請負人及び下請負人の対等性の確保、責任範囲その他契約内容の明確化に留意すること。

建 設 工 事 下 請 契 約 書

1　工　事　名

2　工事場所

3　工　　期　着工　令和　　年　　月　　日
　　　　　　　完成　令和　　年　　月　　日
　　注　工期は、下請負人の施工期間とすること。

4　工事を施工しない日
　工事を施工しない時間帯
　　注　工事を施工しない日又は時間帯を定めない場合は削除。

5　請負代金額
　（うち取引に係る消費税及び地方消費税の額）
　　注　（　）の部分は、下請負人が課税業者である場合に使用する。

6　請負代金の支払の時期及び方法
　　　　　　　　　支払時期（額）
　（1）　前　金　払　　契約締結後　　　日以内に　　　現金・手形の別又は割合
　　　　　　　　　　　万円
　（2）　部　分　払　　○　月　　　日締切　　　現金・手形＝○・○
　　　　　　　　　　　翌月　　　　日支払
　（3）　引渡し時の　　請求後　　　日以内　　　手形期間　　　日
　　　　支払い
　　注　労務費に見合う額については、原則として現金払とすること。
　　　(2)部分払の○には毎、隔等を記入する。

7　調停人
　　注　元請負人及び下請負人が調停人を定めない場合には、削除する。

8　その他
　　注　この工事が、建設工事に係る資材の再資源化等に関する法律（平成12年法律第104号）第9条第1項に規定する対象建設工事の場合は、(1)解体工事に要する費用、(2)再資源化等に要する費用、(3)分別解体等の方法、(4)再資源化等をする施設の名称及び所在地についてそれぞれ記入する。
　発注者○○による○○工事のうち、上記の工事について、元請負人及び下請負人は、各々対

等な立場における合意に基づき、別添の条項によってこの請負契約を締結し、信義に従って誠実にこれを履行する。この契約の証として、本書○通を作り、元請負人及び下請負人（及び保証人）が記名押印して、各自一通を保有する。

令和　　　年　　　月　　　日

元請負人　　　　住　　所　　　氏　　名
（金銭保証人　　　　〃　　　　　保証の極度額　　　　　　　）
下請負人　　　　　　〃
（金銭保証人　　　　〃　　　　　保証の極度額　　　　　　　）

注　（　）は金銭保証人を立てる場合に使用する。

保証人の付する保証が民法第465条の２第１項に規定する根保証である場合は保証の極度額を記載しない場合は無効となる。根保証でない場合は、保証の極度額の欄は削除する。

注　保証人（法人を除く。以下この文において同じ。）を立てる場合は保証人に対して民法第465条の10第１項に規定する情報提供義務が発生することに留意すること。

（総則）

第１条　元請負人及び下請負人は、この約款（契約書を含む。以下同じ。）に基づき、設計図書（別冊の図面、仕様書、現場説明書及び現場説明に対する質問回答書をいう。以下同じ。）に従い、日本国の法令を遵守し、この契約（この約款及び設計図書を内容とする工事の請負契約をいい、その内容を変更した場合を含む。以下同じ。）を履行する。

２　この約款の各条項に基づく協議、承諾、通知、指示、催告、請求等は、この約款に別に定めるもののほか原則として、書面により行う。

３　元請負人は、下請負人に対し、建設業法（昭和24年法律第100号）その他工事の施工、労働者の使用等に関する法令に基づき必要な指示、指導を行い、下請負人はこれに従う。

４　労働災害補償保険の加入は○が行う。

注　○は、「労働保険の保険料の徴収等に関する法律」（昭和44年法律第84号）に基づく加入の実情に合わせて記入する。

（請負代金内訳書及び工程表）

第２条　下請負人は設計図書に基づく請負代金内訳書、工事計画書及び工程表を作成し、契約締結後速やかに元請負人に提出して、その承認を受ける。

２　請負代金内訳書には、健康保険、厚生年金保険及び雇用保険に係る法定福利費を明示するものとする。

（関連工事との調整）

第３条　元請負人は、契約書記載の工事（以下「この工事」という。）を含む元請工事（元請負人と発注者との間の請負契約による工事をいう。）を円滑に完成するため関連工事（元請工事のうちこの工事の施工上関連のある工事をいう。以下この条において同じ。）との調整を図り、必要がある場合は、下請負人に対して指示を行う。この場合においてこの工事の内容を変更し、又は工事の全部若しくは一部の施工を一時中止したときは、元請負人と下請負人とが協議して工期又は請負代金額を変更できる。

２　下請負人は関連工事の施工者と緊密に連絡協調を図り、元請工事の円滑な完成に協力する。

（契約保証人）

第4条 金銭保証人は、当該金銭保証人を立てた元請負人又は下請負人の債務の不履行により生ずる損害金の支払を行う。

　　　注 金銭保証人を立てる場合に使用する。

（権利義務の譲渡）

第5条(A) 元請負人及び下請負人は、相手方の書面による承諾を得なければ、この契約により生ずる権利又は義務を第三者に譲渡し、又は承継させることはできない。

　　　注 承諾を行う場合としては、たとえば、下請負人が第27条第2項又は第5項の検査に合格した後に請負代金債権を譲渡する場合や工事に係る請負代金債権を担保として資金を借り入れようとする場合（下請負人が、「下請セーフティネット債務保証事業」（平成11年1月28日建設省経振発第8号）により資金を借り入れようとする等の場合）が該当する。

2　元請負人及び下請負人は、相手方の書面による承諾を得なければ、この契約の目的物並びに検査済の工事材料及び建築設備の機器（いずれも製造工場等にある製品を含む。以下同じ。）を第三者に譲渡し、若しくは貸与し、又は抵当権その他の担保の目的に供することはできない。

（権利義務の譲渡）

第5条(B) 元請負人及び下請負人は、この契約により生ずる権利又は義務を第三者に譲渡し、又は承継させることはできない。ただし、あらかじめ相手方の承諾を得た場合又はこの契約の目的物に係る工事を実施するための資金調達を目的に請負代金債権を譲渡するとき（前払や部分払等を設定したものであるときは、前払や部分払等によってもなおこの契約の目的物に係る工事の施工に必要な資金が不足することを疎明したときに限る。）は、この限りでない。

　　　注 承諾を行う場合としては、たとえば、下請負人が第27条第2項又は第5項の検査に合格した後に請負代金債権を譲渡する場合が該当する。

2　元請負人及び下請負人は、相手方の書面による承諾を得なければ、この契約の目的物並びに検査済の工事材料及び建築設備の機器（いずれも製造工場等にある製品を含む。以下同じ。）を第三者に譲渡し、若しくは貸与し、又は抵当権その他の担保の目的に供することはできない。

3　下請負人は、第1項ただし書の規定により、この契約の目的物に係る工事を実施するための資金調達を目的に債権を譲渡したときは、当該譲渡により得た資金を当該工事の施工以外に使用してはならない。

4　元請負人は、必要があると認めるときは、下請負人に対し前項に違反していないことを疎明する書類の提出などの報告を求めることができる。

（一括委任又は一括下請負の禁止）

第6条 下請負人は、一括してこの工事の全部又は一部を第三者に委任し又は請け負わせてはならない。ただし、公共工事及び共同住宅の新築工事以外の工事で、かつ、あらかじめ発注者及び元請負人の書面による承諾を得た場合は、この限りでない。

（関係事項の通知）

第7条 下請負人は、元請負人に対して、この工事に関し、次の各号に掲げる事項をこの契約締結後遅滞なく書面をもって通知する。

一　現場代理人及び主任技術者の氏名

I ガイドラインに関係する資料

二　雇用管理責任者の氏名

三　安全管理者の氏名

四　工事現場において使用する1日当たり平均作業員数

五　工事現場において使用する作業員に対する賃金支払の方法

六　その他元請負人が工事の適正な施工を確保するため必要と認めて指示する事項

2　下請負人は、元請負人に対して、前項各号に掲げる事項について変更があったときは、遅滞なく書面をもってその旨を通知する。

（下請負人の関係事項の通知）

第8条　下請負人がこの工事の全部又は一部を第三者に委任し、又は請け負わせた場合、下請負人は、元請負人に対して、その契約（その契約に係る工事が数次の契約によって行われるときは、次のすべての契約を含む。）に関し、次の各号に掲げる事項を遅滞なく書面をもって通知する。

一　受任者又は請負者の氏名及び住所（法人であるときは、名称及び工事を担当する営業所の所在地）

二　建設業の許可番号

三　現場代理人及び主任技術者の氏名

四　雇用管理責任者の氏名

五　安全管理者の氏名

六　工事の種類及び内容

七　工期

八　受任者又は請負者が工事現場において使用する1日当たり平均作業員数

九　受任者又は請負者が工事現場において使用する作業員に対する賃金支払の方法

十　その他元請負人が工事の適正な施工を確保するため必要と認めて指示する事項

2　下請負人は、元請負人に対して、前項各号に掲げる事項について変更があったときは、遅滞なく書面をもってその旨を通知する。

（監督員）

第9条　元請負人は、監督員を定めたときは、書面をもってその氏名を下請負人に通知する。

2　監督員は、この約款の他の条項に定めるもの及びこの約款に基づく元請負人の権限とされる事項のうち、元請負人が必要と認めて監督員に委任したもののほか、設計図書で定めるところにより、次に掲げる権限を有する。

一　契約の履行についての下請負人又は下請負人の現場代理人に対する指示、承諾又は協議

二　設計図書に基づく工事の施工のための詳細図等の作成及び交付又は下請負人が作成したこれらの図書の承諾

三　設計図書に基づく工程の管理、立会い、工事の施工の状況の検査又は工事材料の試験若しくは検査

3　元請負人は、監督員にこの約款に基づく元請負人の権限の一部を委任したときはその委任した権限の内容を、二名以上の監督員を置き前項の権限を分担させたときは、それぞれの監督員の有する権限の内容を、書面をもって下請負人に通知する。

4　元請負人が第1項の監督員を定めないときは、この約款に定められた監督員の権限は、元請負人が行う。

（現場代理人及び主任技術者）

第10条　現場代理人は、この契約の履行に関し、工事現場に常駐し、その運営、取締りを行うほか、この約款に基づく下請負人の一切の権限（請負代金額の変更、請負代金の請求及び受領、工事関係者に関する措置請求並びにこの契約の解除に係るものを除く。）を行使する。ただし、現場代理人の権限については、下請負人が特別に委任し、又は制限したときは、元請負人の承諾を要する。

2　元請負人は、前項の規定にかかわらず、現場代理人の工事現場における運営、取締り及び権限の行使に支障がなく、かつ、元請負人との連絡体制が確保されると認めた場合には、現場代理人について工事現場における常駐を要しないこととすることができる。

3　主任技術者は工事現場における工事施工の技術上の管理をつかさどる。

4　現場代理人と主任技術者とはこれを兼ねることができる。

（工事関係者に関する措置請求）

第11条　元請負人は、現場代理人、主任技術者、その他下請負人が工事を施工するために使用している請負者、作業員等で、工事の施工又は管理につき著しく不適当と認められるものがあるときは、下請負人に対して、その理由を明示した書面をもって、必要な措置をとるべきことを求めることができる。

2　下請負人は、監督員がその職務の執行につき著しく不適当と認められるときは、元請負人に対してその理由を明示した書面をもって、必要な措置をとるべきことを求めることができる。

3　元請負人又は下請負人は、前2項の規定による請求があったときは、その請求に係る事項について決定し、その結果を相手方に通知する。

（工事材料の品質及び検査）

第12条　工事材料につき設計図書にその品質が明示されていないものは、中等の品質を有するものとする。

2　下請負人は、工事材料については、使用前に監督員の検査に合格したものを使用する。

3　監督員は、下請負人から前項の検査を求められたときは、遅滞なくこれに応ずる。

4　下請負人は、工事現場内に搬入した工事材料を監督員の承諾を受けないで工事現場外に搬出しない。

5　下請負人は、前項の規定にかかわらず、検査の結果不合格と決定された工事材料については遅滞なく工事現場外に搬出する。

6　第2項から前項までの規定は、建設機械器具についても準用する。

（監督員の立会い及び工事記録の整備）

第13条　下請負人は、調合を要する工事材料については、監督員の立会いを受けて調合し、又は見本検査に合格したものを使用する。

2　下請負人は、水中の工事又は地下に埋設する工事その他施工後外面から明視することのできない工事については、監督員の立会いを受けて施工する。

3　監督員は下請負人から前2項の立会い又は見本検査を求められたときは、遅滞なくこれに応ずる。

4　下請負人は、設計図書において見本又は工事写真等の記録を整備すべきものと指定された工事材料の調合又は工事の施工をするときは、設計図書で定めるところによりその見本又は工事写真等の記録を整備し、監督員の要求があったときは、遅滞なくこれを提出する。

（支給材料及び貸与品）

第14条　元請負人から下請負人への支給材料及び貸与品の品名、数量、品質、規格、性能、引渡し場所、引渡し時期、返還場所又は返還時期は、設計図書に定めるところによる。

2　工程の変更により引渡し時期及び返還時期を変更する必要があると認められるときは、元請負人と下請負人とが協議して、これを変更する。この場合において、必要があると認められるときは、工期又は請負代金額を変更する。

3　監督員は、支給材料及び貸与品を、下請負人の立会いの上検査して引き渡す。この場合において、下請負人は、その品質、規格又は性能が設計図書の定めと異なり、又は使用に適当でないと認めたときは、遅滞なくその旨を書面をもって元請負人又は監督員に通知する。

4　元請負人は、下請負人から前項後段の規定による通知（監督員に対する通知を含む。）を受けた場合において、必要があると認めるときは、設計図書で定める品質、規格若しくは性能を有する他の支給材料若しくは貸与品を引渡し、又は支給材料若しくは貸与品の品質、規格等の変更を行うことができる。この場合において、必要があると認められるときは、元請負人と下請負人とが協議して、工期又は請負代金額を変更する。

5　下請負人は、支給材料及び貸与品を善良な管理者の注意をもって、使用及び保管し、下請負人の故意又は過失によって支給材料又は貸与品が滅失若しくはき損し、又はその返還が不可能となったときは、元請負人の指定した期間内に原状に復し、若しくは代品を納め、又はその損害を賠償する。

6　下請負人は、引渡しを受けた支給材料又は貸与品が種類、品質又は数量に関しこの契約の内容に適合しないもの（第3項の検査により発見することが困難であったものに限る。）であり、使用に適当でないと認められるときは、遅滞なく監督員にその旨を通知する。この場合においては、第4項の規定を準用する。

（設計図書不適合の場合の改造義務）

第15条　下請負人は、工事の施工が設計図書に適合しない場合において、監督員がその改造を請求したときは、これに従う。ただし、その不適合が監督員の指示による等元請負人の責めに帰すべき理由によるときは、改造に要する費用は元請負人が負担する。この場合において、必要があると認められるときは、元請負人と下請負人とが協議して、工期を変更する。

（条件変更等）

第16条　下請負人は、工事の施工に当たり、次の各号のいずれかに該当する事実を発見したときは、直ちに書面をもってその旨を監督員に通知し、その確認を求める。

一　設計図書と工事現場の状態とが一致しないこと。

二　設計図書の表示が明確でないこと（図面と仕様書が交互符合しないこと及び設計図書に誤謬又は脱漏があることを含む。）。

三　工事現場の地質、湧水等の状態、施工上の制約等設計図書に示された自然的又は人為的な施工条件が実際と相違すること。

四　設計図書で明示されていない施工条件について予期することのできない特別の状態が生じたこと。

2　監督員は、前項の確認を求められたとき又は自ら同項各号に掲げる事実を発見したときは、直ちに調査を行い、その結果（これに対してとるべき措置を指示する必要があるときは、その指示を含む。）を書面をもって下請負人に通知する。

3 　第１項各号に掲げる事実が元請負人と下請負人との間において確認された場合において、必要があると認められるときは、設計図書を訂正し、又は工事内容、工期若しくは請負代金額を変更する。この場合において、工期又は請負代金額の変更については、元請負人と下請負人とが協議して定める。

（著しく短い工期の禁止）

第17条 　元請負人は、工期の変更をするときは、変更後の工期を建設工事を施工するために通常必要と認められる期間に比して著しく短い期間としてはならない。

（工事の変更及び中止等）

第18条 　元請負人は、必要があると認めるときは、書面をもって下請負人に通知し、工事内容を変更し、又は工事の全部若しくは一部の施工を一時中止させることができる。この場合において、必要があると認められるときは、元請負人と下請負人とが協議して、工期又は請負代金額を変更する。

2 　工事用地等の確保ができない等のため又は天災その他の不可抗力により工事目的物等に損害を生じ若しくは工事現場の状態が変動したため、下請負人が工事を施工できないと認められるときは、元請負人は、工事の全部又は一部の施工を中止させる。この場合において、必要があると認められるときは、元請負人と下請負人とが協議して、工期又は請負代金額を変更する。

3 　元請負人は、前２項の場合において、下請負人が工事の続行に備え工事現場を維持し、若しくは作業員、建設機械器具等を保持するための費用その他の工事の施工の一時中止に伴う増加費用を必要とし、又は下請負人に損害を及ぼしたときは、その増加費用を負担し、又はその損害を賠償する。この場合における負担額又は賠償額は、元請負人と下請負人とが協議して定める。

（下請負人の請求による工期の延長）

第19条 　下請負人は、天候の不良等その責めに帰することができない理由その他の正当な理由により工期内に工事を完成することができないときは、元請負人に対して、遅滞なくその理由を明らかにした書面をもって工期の延長を求めることができる。この場合における延長日数は、元請負人と下請負人とが協議して定める。

2 　前項の規定により工期を延長する場合において、必要があると認められるときは、元請負人と下請負人とが協議して請負代金額を変更する。

（履行遅滞の場合の工期の延長）

第20条 　下請負人の責めに帰するべき理由により工期内に完成することができない場合において、工期経過後相当の期間内に完成する見込みのあるときは、元請負人は工期を延長することができる。

（元請負人の請求による工期の短縮等）

第21条 　元請負人は、特別の理由により工期を短縮する必要があるときは、下請負人に対して書面をもって工期の短縮を求めることができる。この場合における短縮日数は、元請負人と下請負人とが協議して定める。

2 　前項の場合において、必要があると認められるときは、元請負人と下請負人とが協議して請負代金額を変更する。

（賃金又は物価の変動に基づく請負代金額の変更）

第22条 　工期内に賃金又は物価の変動により請負代金額が不適当となり、これを変更する必要が

あると認められるときは、元請負人と下請負人とが協議して請負代金額を変更する。

2　元請負人と発注者との間の請負契約において、この工事を含む元請工事の部分について、賃金又は物価の変動を理由にして請負代金額が変更されたときは、元請負人又は下請負人は、相手方に対し、前項の協議を求めることができる。

（臨機の措置）

第23条　下請負人は、災害防止等のため必要があると認められるときは、元請負人に協力して臨機の措置をとる。

2　下請負人が前項の規定により臨機の措置をとった場合において、その措置に要した費用のうち、下請負人が請負代金額の範囲内において負担することが適当でないと認められる部分については、元請負人がこれを負担する。この場合における元請負人の負担額は、元請負人と下請負人とが協議して定める。

（一般的損害）

第24条　工事目的物の引渡し前に、工事目的物又は工事材料について生じた損害その他工事の施工に関して生じた損害（この契約において別に定める損害を除く。）は、下請負人の負担とする。ただし、その損害のうち元請負人の責めに帰すべき理由により生じたものについては、元請負人がこれを負担する。

（第三者に及ぼした損害）

第25条　この工事の施工について第三者（この工事に関係する他の工事の請負人等を含む。以下この条において同じ。）に損害を及ぼしたときは、下請負人がその損害を負担する。ただし、その損害のうち元請負人の責めに帰すべき理由により生じたもの及び工事の施工に伴い通常避けることができない事象により生じたものについては、この限りでない。

2　前項の場合その他工事の施工について第三者との間に紛争を生じた場合においては、元請負人及び下請負人が協力してその処理解決に当たる。

（天災その他不可抗力による損害）

第26条　天災その他不可抗力によって、工事の出来形部分、現場の工事仮設物、現場搬入済の工事材料又は建設機械器具（いずれも元請負人が確認したものに限る。）に損害を生じたときは、下請負人が善良な管理者の注意を怠ったことに基づく部分を除き、元請負人がこれを負担する。

2　損害額は、次の各号に掲げる損害につき、それぞれ当該各号に定めるところにより、元請負人と下請負人とが協議して定める。

一　工事の出来形部分に関する損害

　損害を受けた出来形部分に相応する請負代金額とし、残存価値がある場合にはその評価額を差し引いた額とする。

二　工事材料に関する損害

　損害を受けた工事材料に相応する請負代金額とし、残存価値がある場合にはその評価額を差し引いた額とする。

三　工事仮設物又は建設機械器具に関する損害

　損害を受けた工事仮設物又は建設機械器具について、この工事で償却することとしている償却費の額から損害を受けた時点における出来形部分に相応する償却費の額を差し引いた額とする。ただし、修繕によりその機能を回復することができ、かつ、修繕費の額が上記の額

より少額であるものについては、その修繕費の額とする。

3　第1項の規定により、元請負人が損害を負担する場合において、保険その他損害をてん補するものがあるときは、その額を損害額から控除する。

4　天災その他の不可抗力によって生じた損害の取片付けに要する費用は、元請負人がこれを負担する。この場合における負担額は、元請負人と下請負人とが協議して定める。

（検査及び引渡し）

第27条　下請負人は、工事が完成したときは、その旨を書面をもって元請負人に通知する。

2　元請負人は、前項の通知を受けたときは、遅滞なく下請負人の立会いの上工事の完成を確認するための検査を行う。この場合、元請負人は、当該検査の結果を書面をもって下請負人に通知する。

3　元請負人は、前項の検査によって工事の完成を確認した後、下請負人が書面をもって引渡しを申し出たときは、直ちに工事目的物の引渡しを受ける。

4　元請負人は、下請負人が前項の申出を行わないときは、請負代金の支払の完了と同時に工事目的物の引渡しを求めることができる。この場合においては、下請負人は、直ちにその引渡しをする。

5　下請負人は、工事が第2項の検査に合格しないときは、遅滞なくこれを修補して元請負人の検査を受ける。この場合においては、修補の完了を工事の完成とみなして前四項の規定を適用する。

6　元請負人が第3項の引渡しを受けることを拒み、又は引渡しを受けることができない場合において、下請負人は、引渡しを申し出たときからその引渡しをするまで、自己の財産に対するのと同一の注意をもって、その物を保存すれば足りる。

7　前項の場合において、下請負人が自己の財産に対するのと同一の注意をもって管理したにもかかわらずこの契約の目的物に生じた損害及び下請負人が管理のために特に要した費用は、元請負人の負担とする。

（部分使用）

第28条　元請負人は、前条第3項の規定による引渡し前においても、工事目的物の全部又は一部を下請負人の同意を得て使用することができる。

2　前項の場合においては、元請負人は、その使用部分を善良な管理者の注意をもって使用する。

3　元請負人は、第1項の規定による使用により、下請負人に損害を及ぼし、又は下請負人の費用が増加したときは、その損害を賠償し、又は増加費用を負担する。この場合における賠償額又は負担額は、元請負人と下請負人とが協議して定める。

（部分引渡し）

第29条　工事目的物について、元請負人が設計図書において工事の完成に先だって引渡しを受けるべきことを指定した部分（以下「指定部分」という。）がある場合において、その部分の工事が完了したときは、第27条（検査及び引渡し）中「工事」とあるのは「指定部分に係る工事」と、第33条（引渡し時の支払い）中「請負代金」とあるのは「指定部分に相応する請負代金」と読み替えて、これらの規定を準用する。

（請負代金の支払方法及び時期）

第30条　この契約に基づく請負代金の支払方法及び時期については、契約書の定めるところによ

る。

2　元請負人は、契約書の定めにかかわらず、やむを得ない場合には、下請負人の同意を得て請負代金支払いの時期又は支払方法を変更することができる。

3　前項の場合において、元請負人は下請負人が負担した費用又は下請負人が被った損害を賠償する。

（前金払）

第31条　下請負人は、契約書の定めるところにより元請負人に対して請負代金についての前払を請求することができる。

（部分払）

第32条　下請負人は、出来形部分並びに工事現場に搬入した工事材料〔及び製造工場等にある工場製品〕（監督員の検査に合格したものに限る。）に相応する請負代金相当額の十分の〇以内の額について、契約書の定めるところにより、その部分払を請求することができる。

　　注　部分払の対象とすべき工場製品がないときは〔　〕の部分を削除する。（第2項についても同じ。）

　　　　〇は九以上の数字を記入する。（第4項についても同じ。）

2　下請負人は部分払を請求しようとするときは、あらかじめ、その請求に係る工事の出来形部分、工事現場に搬入した工事材料〔又は製造工場等にある工場製品〕の確認を求める。この場合において、元請負人は、その確認を行い、その結果を下請負人に通知する。

3　元請負人は、第1項の規定による請求を受けたときは、契約書の定めるところにより部分払を行う。

4　前払金の支払いを受けている場合においては、第1項の請求額は次の式によって算出する。
　　請求額＝第1項の請負代金相当額×（（請負代金額−受領済前払金額）／請負代金額）×（〇／10）

5　第3項の規定により部分払金の支払いがあった後、再度部分払の請求をする場合においては、第1項及び前項中「請負代金相当額」とあるのは「請負代金相当額から既に部分払の対象となった請負代金相当額を控除した額」とする。

（引渡し時の支払い）

第33条　下請負人は、第27条（検査及び引渡し）第2項の検査に合格したときは、引渡しと同時に書面をもって請負代金の支払いを請求することができる。

2　元請負人は、前項の規定による請求を受けたときは、契約書の定めるところにより、請負代金を支払う。

（部分払金等の不払に対する下請負人の工事中止）

第34条　下請負人は、元請負人が前払金又は部分払金の支払いを遅延し、相当の期間を定めてその支払いを求めたにもかかわらず支払いをしないときは、工事の全部又は一部の施工を一時中止することができる。この場合において、下請負人は、遅滞なくその理由を明示した書面をもってその旨を元請負人に通知する。

2　第18条（工事の変更及び中止等）第3項の規定は、前項の規定により下請負人が工事の施工を中止した場合について準用する。

（契約不適合責任）

第35条(A)　元請負人は、引き渡された工事目的物が種類又は品質に関して契約の内容に適合しないもの（以下「契約不適合」という。）であるときは、下請負人に対し、目的物の修補又は代

替物の引渡しによる履行の追完を請求することができる。ただし、その履行の追完に過分の費用を要するときは、元請負人は履行の追完を請求することができない。

2　前項の場合において、下請負人は、元請負人に不相当な負担を課するものでないときは、元請負人が請求した方法と異なる方法による履行の追完をすることができる。

3　第1項の場合において、元請負人が相当の期間を定めて履行の追完の催告をし、その期間内に履行の追完がないときは、元請負人は、その不適合の程度に応じて代金の減額を請求することができる。ただし、次の各号のいずれかに該当する場合は、催告をすることなく、直ちに代金減額を請求することができる。

一　履行の追完が不能であるとき。

二　下請負人が履行の追完を拒絶する意思を明確に表示したとき。

三　工事目的物の性質又は当事者の意思表示により、特定の日時又は一定の期間内に履行しなければ契約をした目的を達することができない場合において、下請負人が履行の追完をしないでその時期を経過したとき。

四　前3号に掲げる場合のほか、元請負人がこの項の規定による催告をしても履行の追完を受ける見込みがないことが明らかであるとき。

（契約不適合責任）

第35条(B)　元請負人は、引き渡された工事目的物が種類又は品質に関して契約の内容に適合しないもの（以下「契約不適合」という。）であり、その契約不適合が下請負人の責めに帰すべき事由により生じたものであるときは、下請負人に対し、目的物の修補又は代替物の引渡しによる履行の追完（工事目的物の範囲に限る。）を請求することができる。ただし、その履行の追完に過分の費用を要するときは、元請負人は履行の追完を請求することができない。

2　前項の場合において、下請負人は、元請負人に不相当な負担を課するものでないときは、元請負人が請求した方法と異なる方法による履行の追完をすることができる。

3　第1項の場合において、元請負人が相当の期間を定めて履行の追完の催告をし、その期間内に履行の追完がないときは、元請負人は、その不適合の程度に応じて代金の減額を請求することができる。ただし、次の各号のいずれかに該当する場合は、催告をすることなく、直ちに代金減額を請求することができる。

一　履行の追完が不能であるとき。

二　下請負人が履行の追完を拒絶する意思を明確に表示したとき。

三　工事目的物の性質又は当事者の意思表示により、特定の日時又は一定の期間内に履行しなければ契約をした目的を達することができない場合において、下請負人が履行の追完をしないでその時期を経過したとき。

四　前3号に掲げる場合のほか、元請負人がこの項の規定による催告をしても履行の追完を受ける見込みがないことが明らかであるとき。

　　注　(A)又は(B)を選択して使用する。

（元請負人の任意解除権）

第36条　元請負人は、工事が完成しない間は、次条及び第38条に規定する場合のほか必要があるときは、この契約を解除することができる。

2　元請負人は、前項の規定によりこの契約を解除した場合において、これにより下請負人に損害を及ぼしたときは、その損害を賠償する。この場合における賠償額は、元請負人と下請負人

とが協議して定める。

（元請負人の催告による解除権）

第37条　元請負人は、下請負人が次の各号のいずれかに該当するときは、相当の期間を定めてその履行の催告をし、その期間内に履行がないときは、この契約を解除することができる。ただし、その期間を経過した時における債務の不履行がこの契約及び取引上の社会通念に照らして軽微であるときは、この限りでない。

　一　下請負人が第5条第4項の報告を拒否したとき又は虚偽の報告をしたとき。

　　注　第一号は第5条(B)を選択した場合に使用する。(A)を選択した場合は削除する。

　二　下請負人が正当な理由がないのに、工事に着手すべき時期を過ぎても、工事に着手しないとき。

　三　下請負人が工期内又は工期経過後相当期間内に工事を完成する見込がないと明らかに認められるとき。

　四　正当な理由なく、第35条第1項の履行の追完がなされないとき。

　五　前各号に掲げる場合のほか、下請負人がこの契約に違反したとき。

（元請負人の催告によらない解除権）

第38条　元請負人は、次の各号のいずれかに該当するときは、直ちにこの契約を解除することができる。

　一　下請負人が第5条第1項の規定に違反して、請負代金債権を譲渡したとき。

　二　下請負人が第5条第3項の規定に違反して譲渡により得た資金を当該工事の施工以外に使用したとき。

　　注　第二号は第5条(B)を選択した場合に使用する。(A)を選択した場合は削除する。

　三　下請負人がこの契約の目的物を完成させることができないことが明らかであるとき。

　四　引き渡された工事目的物に契約不適合がある場合において、その不適合が目的物を除却した上で再び建設しなければ、契約の目的を達成することができないものであるとき。

　五　下請負人がこの契約の目的物の完成の債務の履行を拒絶する意思を明確に表示したとき。

　六　下請負人の債務の一部の履行が不能である場合又は下請負人がその債務の一部の履行を拒絶する意思を明確に表示した場合において、残存する部分のみでは契約をした目的を達することができないとき。

　七　契約の目的物の性質や当事者の意思表示により、特定の日時又は一定の期間内に履行しなければ契約をした目的を達することができない場合において、下請負人が履行をしないでその時期を経過したとき。

　八　前各号に掲げる場合のほか、下請負人がその債務の履行をせず、元請負人が前条の催告をしても契約をした目的を達するのに足りる履行がされる見込みがないことが明らかであるとき。

　九　第40条（下請負人の催告による解除権）又は第41条（下請負人の催告によらない解除権）の規定によらないでこの契約の解除を申し出たとき。

（元請負人の責めに帰すべき事由による場合の解除の制限）

第39条　第37条各号又は前条各号に定める場合が元請負人の責めに帰すべき事由によるものであるときは、元請負人は、前2条の規定による契約の解除をすることができない。

（下請負人の催告による解除権）

第40条　下請負人は、元請負人がこの契約に違反したときは、相当の期間を定めてその履行の催告をし、その期間内に履行がないときは、この契約を解除することができる。ただし、その期間を経過した時における債務の不履行がこの契約及び取引上の社会通念に照らして軽微であるときは、この限りでない。

（下請負人の催告によらない解除権）

第41条　下請負人は、次の各号のいずれかに該当する理由のあるときは、直ちにこの契約を解除することができる。

　一　第18条（工事の変更及び中止等）第1項の規定により工事内容を変更したため請負代金額が十分の○以上減少したとき。

　　注　○の部分には、たとえば、六と記入する。

　二　第18条第1項の規定による工事の施工の中止期間の○を超えたとき。ただし、中止が工事の一部のみの場合は、その一部を除いた他の部分の工事が完了した後○月を経過しても、なおその中止が解除されないとき。

　　注　ただし書き以外の部分の○には、たとえば工期の二分の一の期間又は6カ月のいずれか短い期間を、ただし書きの○には、たとえば三と記入する。

　三　元請負人が請負代金の支払い能力を欠くと認められるとき。

（下請負人の責めに帰すべき事由による場合の解除の制限）

第42条　第40条（下請負人の催告による解除権）又は前条（下請負人の催告によらない解除権）各号に定める場合が下請負人の責めに帰すべき事由によるものであるときは、下請負人は、前2条の規定による契約の解除をすることができない。

（解除に伴う措置）

第43条　工事の完成前にこの契約が解除されたときは、元請負人は、工事の出来形部分及び部分払の対象となった工事材料の引渡しを受ける。ただし、その出来形部分が設計図書に適合しない場合は、その引渡しを受けないことができる。

　2　元請負人は前項の引渡しを受けたときは、その引渡しを受けた出来形部分及び工事材料に相応する請負代金を下請負人に支払う。

　3　前項の場合において、第31条（前金払）の規定による前払金があったときは、その前払金の額（第32条（部分払）の規定による部分払をしているときは、その部分払において償却した前払金の額を控除した額）を同項の出来形部分及び工事材料に相応する請負代金額から控除する。

　4　前項の場合において、受領済みの前払金額になお余剰があるときは、下請負人は、その余剰額に前払金の支払の日から返還の日までの日数に応じ、年○パーセントの割合で計算した額の利息を付して元請負人に返還する。ただし、当該契約の解除が第36条第1項、第40条及び第41条の規定によるものであるときは、利息に関する部分は、適用しない。

　5　工事の完成後にこの契約が解除された場合は、解除に伴い生じる事項の処理については元請負人及び下請負人が民法の規定に従って協議して決める。

第44条　この契約が工事の完成前に解除された場合においては、元請負人及び下請負人は第36条第2項及び前条によるほか、相手方を原状に回復する。

（元請負人の損害賠償請求等）

第45条　元請負人は、次の各号のいずれかに該当する場合は、これによって生じた損害の賠償を

請求することができる。ただし、当該各号に定める場合がこの契約及び取引上の社会通念に照らして下請負人の責めに帰することができない事由によるものであるときは、この限りでない。

一　下請負人が工期内に工事を完成することができないとき（第20条の規定により工期を変更したときを含む。）。

二　この工事目的物に契約不適合があるとき。

三　第37条又は第38条の規定により、この契約が解除されたとき。

四　前3号に掲げる場合のほか、下請負人が債務の本旨に従った履行をしないとき又は債務の履行が不能であるとき。

2　前項の場合において、賠償額は、元請負人と下請負人とが協議して定める。ただし、同項第一号の場合においては請負代金額から出来形部分に相当する請負代金額を控除した額につき、遅延日数に応じ、年○パーセントの割合で計算した額とする。

（下請負人の損害賠償請求等）

第46条　下請負人は、次の各号のいずれかに該当する場合は、これによって生じた損害の賠償を請求することができる。ただし、当該各号に定める場合がこの契約及び取引上の社会通念に照らして元請負人の責めに帰することができない事由によるものであるときは、この限りでない。

一　第40条及び第41条の規定によりこの契約が解除されたとき。

二　前号に掲げる場合のほか、元請負人が債務の本旨に従った履行をしないとき又は債務の履行が不能であるとき。

2　第31条（前金払）、第32条（部分払）第3項又は第33条（引渡し時の支払い）第2項（第29条（部分引渡し）において準用する場合を含む。以下この項において同じ。）の規定による請負代金の支払いが遅れた場合においては、下請負人は、未受領金額につき、遅延日数に応じ、第31条の規定による請負代金にあっては年○パーセント、第32条第3項又は第33条第2項の規定による請負代金にあっては年○パーセントの割合で計算した額の遅延利息の支払いを元請負人に請求することができる。

（契約不適合責任期間）

第47条　元請負人は、引き渡された工事目的物に関し、第27条（検査及び引渡し）第3項（第29条（部分引渡し）において準用する場合を含む。）の規定による引渡し（以下この条において単に「引渡し」という。）を受けた日から○年以内でなければ、契約不適合を理由とした履行の追完の請求、損害賠償の請求、代金の減額の請求又は契約の解除（以下この条において「請求等」という。）をすることができない。

　　注　○の部分には原則として元請契約における契約不適合責任の期限に相応する数字を記入する。

2　前項の規定に関わらず、設備の機器本体等の契約不適合については、引渡しの時、元請負人が検査して直ちにその履行の追完を請求しなければ、下請負人は、その責任を負わない。ただし、当該検査において一般的な注意の下で発見できなかった契約不適合については、引渡しを受けた日から○年が経過する日まで請求等をすることができる。

　　注　○の部分には原則として元請契約における設備機器等に係る契約不適合責任の期限に相応する数字を記入する。

3 前2項の請求等は、具体的な契約不適合の内容、請求する損害額の算定の根拠等当該請求等の根拠を示して、下請負人の契約不適合責任を問う意思を明確に告げることで行う。

4 元請負人が第1項又は第2項に規定する契約不適合に係る請求等が可能な期間（以下この項及び第7項において「契約不適合責任期間」という。）の内に契約不適合を知り、その旨を下請負人に通知した場合において、元請負人が通知から1年が経過する日までに前項に規定する方法による請求等をしたときは、契約不適合責任期間の内に請求等をしたものとみなす。

5 元請負人は、第1項又は第2項の請求等を行ったときは、当該請求等の根拠となる契約不適合に関し、民法の消滅時効の範囲で、当該請求等以外に必要と認められる請求等をすることができる。

6 前各項の規定は、契約不適合が下請負人の故意又は重過失により生じたものであるときは適用せず、契約不適合に関する下請負人の責任については、民法の定めるところによる。

7 民法第637条第1項の規定は、契約不適合責任期間については適用しない。

8 この契約が、住宅の品質確保の促進等に関する法律（平成11年法律第81号）第94条第1項に規定する住宅新築請負契約である場合には、工事目的物のうち住宅の品質確保の促進等に関する法律施行令（平成12年政令第64号）第5条に定める部分の瑕疵（構造耐力又は雨水の浸入に影響のないものを除く。）について請求等を行うことのできる期間は、10年とする。この場合において、前各項の規定は適用しない。

> **注** 第8項は住宅の品質確保の促進等に関する法律（平成11年法律第81号）第94条第1項に規定する住宅新築請負契約の場合に使用することとする。

9 引き渡された工事目的物の契約不適合が支給材料の性質又は元請負人若しくは監督員の指図により生じたものであるときは、元請負人は当該契約不適合を理由として、請求等をすることができない。ただし、下請負人がその材料又は指図の不適当であることを知りながらこれを通知しなかったときは、この限りでない。

（紛争の解決）

第48条(A) この約款の各条項において元請負人と下請負人とが協議して定めるものにつき協議が整わない場合その他この契約に関して元請負人と下請負人との間に紛争を生じた場合には、契約書記載の調停人又は建設業法による建設工事紛争審査会（以下「審査会」という。）のあっせん又は調停により解決を図る。

2 元請負人又は下請負人は、前項のあっせん又は調停により紛争を解決する見込みがないと認めたときは、同項の規定にかかわらず、仲裁合意書に基づき、審査会の仲裁に付し、その仲裁判断に服する。

3 元請負人又は下請負人は、申し出により、この約款の各条項の規定により行う元請負人と下請負人との間の協議に第1項の調停人を立ち会わせ、当該協議が円滑に整うよう必要な助言又は意見を求めることができる。

4 前項の規定により調停人の立会いのもとで行われた協議が整わなかったときに元請負人が定めたものに下請負人が不服がある場合で、元請負人又は下請負人の一方又は双方が第1項の調停人のあっせん又は調停により紛争を解決する見込みがないと認めたときは、同項の規定にかかわらず、元請負人及び下請負人は、審査会のあっせん又は調停によりその解決を図る。

> **注** 第3項及び第4項は、調停人を協議に参加させない場合には、削除する。

第48条(B) この約款の各条項において元請負人と下請負人とが協議して定めるものにつき協議が

整わない場合その他この契約に関して元請負人と下請負人との間に紛争を生じた場合には、建設業法による建設工事紛争審査会（以下「審査会」という。）のあっせん又は調停により解決を図る。

2　元請負人又は下請負人は、前項のあっせん又は調停により紛争を解決する見込みがないと認めたときは、同項の規定にかかわらず、仲裁合意書に基づき、審査会の仲裁に付し、その仲裁判断に服する。

　　　注　(B)は、あらかじめ調停人を選任せず、建設業法による建設工事紛争審査会により紛争の解決を図る場合に使用する。

（情報通信の技術を利用する方法）

第49条　この約款において書面により行わなければならないこととされている承諾、通知、催告、請求等は、建設業法その他の法令に違反していない限りにおいて、電子情報処理組織を使用する方法その他の情報通信の技術を利用する方法を用いて行うことができる。ただし、当該方法は書面の交付に準ずるものでなければならない。

（補則）

第50条　この約款に定めのない事項については、必要に応じ元請負人と下請負人とが協議して定める。

〔別添〕

[裏面参照の上建設工事紛争審査会の仲裁に付することに合意する場合に使用する。]

仲　裁　合　意　書

工　事　名

工事場所

　　令和　　　年　　　月　　　日に締結した上記建設工事の請負契約に関する紛争については、元請負人及び下請負人は、建設業法に規定する下記の建設工事紛争審査会の仲裁に付し、その仲裁判断に服する。

　　管轄審査会名　　　　　　　　建設工事紛争審査会

　（管轄審査会名が記入されていない場合は建設業法第25条の9第1項又は第2項に定める建設工事紛争審査会を管轄審査会とする。）

　　　　　　　　　　　　　　　　　　　　　　　　　　令和　　　年　　　月　　　日

元請負人　　　　　　　　　　　　　　　　　　　印

下請負人　　　　　　　　　　　　　　　　　　　印

〔裏面〕

仲裁合意書について

(一)　仲裁合意について

　　仲裁合意とは、裁判所への訴訟に代えて、紛争の解決を仲裁人に委ねることを約する当事者間の契約である。

　　仲裁手続によってなされる仲裁判断は、裁判上の確定判決と同一の効力を有し、たとえその仲裁判断の内容に不服があっても、その内容を裁判所で争うことはできない。

　　ただし、消費者である発注者は、請負者との間に成立した仲裁合意を解除することができる。また、事業者の申立てによる仲裁手続の第一回口頭審理期日において、消費者（発注者）である当事者が出頭せず、又は解除権を放棄する旨の意思を明示しないときは、仲裁合意を解除したものとみなされる。

(二)　建設工事紛争審査会について

　　建設工事紛争審査会（以下「審査会」という。）は、建設工事の請負契約に関する紛争の解決を図るため建設業法に基づいて設置されており、同法の規定により、あっせん、調停及び仲裁を行う権限を有している。また、中央建設工事紛争審査会（以下「中央審査会」という。）は、国土交通省に、都道府県建設工事紛争審査会（以下「都道府県審査会」という。）は各都道府県にそれぞれ設置されている。審査会の管轄は、原則として、下請負人が国土交通大臣の許可を受けた建設業者であるときは中央審査会、都道府県知事の許可を受けた建設業者であるときは当該都道府県審査会であるが、当事者の合意によって管轄審査会を定めることもできる。

　　審査会による仲裁は、三人の仲裁委員が行い、仲裁委員は、審査会の委員又は特別委員のうちから当事者が合意によって選定した者につき、審査会の会長が指名する。また、仲裁委員のうち少なくとも一人は、弁護士法の規定により弁護士となる資格を有する者である。

　　なお、審査会における仲裁手続は、建設業法に特別の定めがある場合を除き、仲裁法の規定が適用される。

(3)　工期に関する基準〔令和2年7月20日中央建設業審議会決定〕

第1章　総論

(1)　背景

　建設業は、社会資本整備の担い手であるとともに、民間経済を下支えし、災害時には最前線で地域社会の安全・安心の確保を担う「地域の守り手」として、大変重要な役割を果たしている。建設業がその役割を果たしつつ、今後も魅力ある産業として活躍し続けるためには、自らの生産性向上と併せ、中長期的な担い手確保に向け、長時間労働の是正、週休2日の達成等の働き方改革を推進しなければならない。一方、建設工事の発注者においても、自身の事業を推進するうえで建設業者が重要なパートナーであることを認識し、建設業における働き方改革に協力することが必要である。

　また、建設業については、労働基準法上、いわゆる36協定で定める時間外労働の限度に関する基準（限度基準告示）の適用対象外とされていたが、第196回国会（常会）で成立した「働き方改革を推進するための関係法律の整備に関する法律」（以下「働き方改革関連法」という。）による改正後の労働基準法において、労使協定を結ぶ場合でも上回ることのできない時間外労働の上限について法律に定めたうえで、違反について罰則を科すこととされ、建設業に関しても、平成31年4月の法施行から5年間という一定の猶予期間を置いたうえで、令和6年4月より、罰則付き上限規制の一般則を適用することとされている。

　建設業の働き方改革に向けては、民間も含めた発注者の理解と協力が必要であることから、建設業への時間外労働の上限規制の適用までの間においても、関係者一丸となった取組を強力に推進するため、平成29年6月には「建設業の働き方改革に関する関係省庁連絡会議」を設置し、8月には「建設工事における適正な工期設定等のためのガイドライン」を策定したところである。さらに、同ガイドラインの浸透及び不断の改善に向け、「建設業の働き方改革に関する協議会」（主要な民間発注者団体、建設業団体及び労働組合が参画）の設置と併せて、業種別の連絡会議（鉄道、住宅・不動産、電力及びガス）を設置し、業種ごとの特殊事情や契約状況等を踏まえた対応方策の検討を重ねてきたところである。

　政府としてこうした取組を進めている一方、現状でも通常必要と認められる期間に比して短い期間による請負契約がなされ、長時間労働等が発生している。また、前工程の遅れや受発注者間及び元請負人－下請負人間（元請負人と一次下請負人間、一次下請負人と二次下請負人間など。以下「元下間」と言う。）の未決定事項の調整、工事内容の追加・変更等を理由に、工期が遅れる事例が散見される。このような理由で工期が遅れた場合、契約変更により工期を延長することが望ましいが、受注者が早出・残業や土日・祝日出勤により施工時間を延長する等、必ずしも働き方改革に資するとは限らない対応がとられている場合もある。

　こうしたことを背景に、令和元年6月の第198回国会（常会）において、公共工事の品質確保の促進に関する法律、建設業法及び公共工事の入札及び契約の適正化の促進に関する法律を一体として改正する「新・担い手3法」が成立し、建設業法第34条においては、中央建設業審議会において建設工事の工期に関する基準を作成し、その実施を勧告することができることとされた。

　中央建設業審議会では、令和元年9月に工期に関する基準の作成に関するワーキンググループを設置し、11月の第1回開催以降、合計6回にわたるワーキンググループでの審議のうえ、

中央建設業審議会において令和2年7月に本基準を作成した。

(2) 建設工事の特徴

(i) 多様な関係者の関与

建設工事は、道路、堤防、ダム、鉄道、住宅、オフィスビルなど、あらゆる社会資本の整備を担うものである。また、発注者は国・地方公共団体・企業・個人と様々であり、他方、建設工事の施工に当たっては、工事の規模や内容によって、ゼネコンから基礎工事、躯体工事、仕上工事等それぞれの工程・技術に特化した専門工事業者に至るまで、様々な業者が工事に関与している。受発注者間で設定する工期、元下間で設定する工期（元請負人－一次下請負人間、一次下請負人－二次下請負人間等）など、建設工事1つにおいても多数の工期が設定されており、また、受発注者間で設定した工期は、元下間で設定する専門工事ごとの多様な工期で構成されている。

そのため、建設工事の工期については、受発注者間で目的物の効用が最大限発揮されるように設定することは勿論、元下間などの各々の下請契約においても適正な工期が確保されるよう、全工程を通して適切に設定することが求められる。

(ii) 一品受注生産

建設工事の目的物は、同一の型で大量生産されるような工業製品とは異なり、その目的（オフィス、商業用施設、居住用家屋、道路や河川などの社会資本等）や立地条件に応じて、発注者から、一品ごとに受注して生産されるものである。受注した工事ごとに工程が異なるほか、目的物が同一であっても天候や施工条件等によって施工方法が影響を受けるため、工程は異なるものとなる。また、追加工事や設計変更等が発生する場合には、必要に応じて、受発注者間及び元下間でその変更理由を明らかにしつつ協議を行い、受発注者及び元下間双方の合意により、工期の延長等、適切に契約条件を変更することが重要である。

(iii) 工期とコストの密接な関係

建設工事において、品質・工期・コストの3つの要素はそれぞれ密接に関係しており、ある要素を決定するに当たっては、他の要素との関係性を考慮しなければならない。また、施工に当たっては、安全確保と環境保全も重要な要素であり、その徹底が求められる。

建設工事では、設計図書に規定する品質の工事目的物を施工するために必要な工期・コスト（請負代金の額）が受発注者間（※）及び元下間で協議・合意されて、請負契約が締結される。受発注者間及び元下間の協議においては、天候、地盤等の諸条件や施工上の制約をはじめ、本基準を踏まえて検討された適正な工期設定を行うとともに、双方において生産性向上に努めることが重要である。

（※）公共工事については発注者が設定し、入札に付される。

なお、災害復旧工事など社会的必要性等に鑑み、早期に工事を完了させなくてはならない場合には、それに伴って必要となる資材・労務費等を適切に請負代金の額に反映しなくてはならない。

(3) 建設工事の請負契約及び工期に関する考え方

(i) 公共工事・民間工事に共通する基本的な考え方

建設工事の請負契約については、建設業法第18条、第19条等において、受発注者や元請負人と下請負人が対等な立場における合意に基づいて公正な契約を締結し、信義に従って誠実に履行しなければならないことや、工事内容や請負代金の額、工期等について書面に記載するこ

と、不当に低い請負代金の禁止などのルールが定められている。

　加えて、令和元年6月には、働き方改革の促進のために建設業法が改正され、より一層の工期の適正化が求められることとなった。

- ・請負契約における書面の記載事項の追加（第19条）：建設工事の請負契約の当事者が請負契約の締結に際して工事を施工しない日又は時間帯の定めをするときは、その内容を書面に記載しなければならない。

- ・著しく短い工期の禁止（第19条の5、第19条の6）：注文者は、その注文した建設工事を施工するために通常必要と認められる期間に比して著しく短い期間を工期とする請負契約を締結してはならない。また、建設業者と請負契約（請負代金の額が政令で定める金額以上であるものに限る。）を締結した発注者がこの規定に違反した場合において、特に必要があると認めるときは、当該建設業者の許可をした国土交通大臣等は、当該発注者に対して必要な勧告をすることができ、国土交通大臣等は、この勧告を受けた発注者がその勧告に従わないときは、その旨を公表することができる。国土交通大臣等は、勧告を行うため必要があると認めるときは、当該発注者に対して、報告又は資料の提出を求めることができる。

- ・建設工事の見積り等（第20条）：建設業者は、建設工事の請負契約を締結するに際して、工事内容に応じ、工事の工程ごとの作業及びその準備に必要な日数を明らかにして、建設工事の見積りを行うよう努めなければならない。

　（※）費用の見積りだけでなく日数も見積りをする。

- ・工期等に影響を及ぼす事象に関する情報の提供（第20条の2）：建設工事の注文者は、当該建設工事について、地盤の沈下その他の工期又は請負代金の額に影響を及ぼすものとして国土交通省令で定める事象が発生するおそれがあると認めるときは、請負契約を締結するまでに、建設業者に対して、その旨及び当該事象の状況の把握のため必要な情報を提供しなければならない。

- ・工期に関する基準の作成（第34条）：中央建設業審議会は、建設工事の工期に関する基準を作成し、その実施を勧告することができる。

　更に、請負契約の「片務性」の是正と契約関係の明確化、適正化のため、建設業法第34条に基づき、中央建設業審議会が、公正な立場から、請負契約の当事者間の具体的な権利義務関係の内容を律するものとして決定し、当事者にその採用を勧告する建設工事の標準請負契約約款である公共工事標準請負契約約款や民間工事標準請負契約約款等に沿った請負契約の締結が望まれる。

　また、労働安全衛生法第3条においても、仕事を他人に請け負わせる者は、施工方法、工期等について、安全で衛生的な作業の遂行を損なうおそれのある条件を附さないように配慮しなければならないこととされている。

　受発注者間^{（※）}及び元下間においては、これら法令等の規定を遵守し、双方対等な立場に立って、工期を定める期間を通じて、十分な協議や質問回答の機会、調整時間を設け、天候、地盤等の諸条件や施工上の制約等、基準を踏まえて検討された適正な工期設定を行うとともに、本基準を踏まえた適正な工期設定を含む契約内容について十分に理解・合意したうえで工事請負契約を締結するのが基本原則である。なお、前工程で工程遅延が発生し、適正な工期を確保できなくなった場合は、元請負人の責に帰すべきもの、下請負人の責に帰すべきもの、不

可抗力のように元請負人及び下請負人の責に帰すことができないものがあり、双方対等な立場で遅延の理由を明らかにしつつ、元下間で協議・合意のうえ、必要に応じて工期を延長するほか、必要となる請負代金の額（リース料の延長費用、前工程の遅延によって後工程が短期間施工となる場合に必要となる人件費、施工機械の損料等の掛かり増し経費等）の変更等を行う。

（※）公共工事については発注者が設定し、入札に付される。

(ⅱ) **公共工事における基本的な考え方**

公共工事は、現在及び将来における国民生活及び経済活動の基盤となる社会資本を整備するものとして重要な意義を有しているため、建設業法に加え、公共工事の品質確保の促進に関する法律（以下「公共工事品質確保法」という。）や公共工事の入札及び契約の適正化の促進に関する法律（以下「入札契約適正化法」という。）において公共工事独自のルールが定められている。

○ **請負契約の締結について**

公共工事においては、公共工事品質確保法第3条第8項に基づき、その品質を確保するうえで、公共工事の受注者のみならず、下請負人及びこれらの者に使用される技術者、技能労働者等がそれぞれ重要な役割を果たすことに鑑み、公共工事等における請負契約の当事者が、各々の対等な立場における合意に基づいて、市場における労務の取引価格、健康保険法等の定めるところにより事業主が納付義務を負う保険料等を的確に反映した適正な額の請負代金及び適正な工期を定める公正な契約を締結することが求められる。

○ **工期の設定について**

公共工事においては、公共工事品質確保法第7条第1項第6号において、公共工事に従事する者の労働時間その他の労働条件が適正に確保されるよう、公共工事に従事する者の休日、工事の実施に必要な準備期間、天候その他のやむを得ない事由により工事の実施が困難であると見込まれる日数等を考慮し、適正な工期を設定することが発注者の責務とされている。

また、公共工事品質確保法に基づく発注関係事務の運用に関する指針において、建設資材や労働者確保のため、実工期を柔軟に設定できる余裕期間制度の活用といった契約上の工夫を行うよう努めることとされており、具体的には、

・発注者が工事の始期を指定する方式（発注者指定方式）
・発注者が示した工事着手期限までの間で受注者が工事の始期を選択する方式（任意着手方式）
・発注者が予め設定した全体工期の内で受注者が工事の始期と終期を決定する方式（フレックス方式）

があり、余裕期間制度の活用に当たっては、地域の実情や他の工事の進捗状況等を踏まえて、適切な方式を選択することとされている。

さらに、入札契約適正化法第18条に基づく公共工事の入札及び契約の適正化を図るための措置に関する指針（以下「入札契約適正化指針」という。）において、発注者の責務として、工期の設定に当たり、工事の規模及び難易度、地域の実情、自然条件、工事内容、施工条件のほか、次に掲げる事項等を適切に考慮することとされている。

・公共工事に従事する者の休日（週休2日に加え、祝日、年末年始及び夏季休暇）
・建設業者が施工に先立って行う、労務・資機材の調達、現地調査、現場事務所の設置等

の準備期間

・工事完成後の自主検査、清掃等を含む後片付け期間

・降雨日、降雪・出水期等の作業不能日数

・用地取得や建築確認、道路管理者との調整等、工事着手前に発注者が対応すべき事項が
ある場合には、その手続に要する期間過去の同種類似工事において当初の見込みよりも
長い工期を要した実績が多いと認められる場合には、当該工期の実績

○　施工時期の平準化について

　公共工事においては、年度初めに工事量が少なくなる一方、年度末に工事量が集中する傾
向があり、公共工事に従事する者において長時間労働や休日の取得しにくさ等につながるこ
とが懸念されることから、公共工事品質確保法第7条第1項第5号や入札契約適正化指針に
おいて、計画的に発注を行うとともに、工期が一年に満たない公共工事についての繰越明許
費・債務負担行為の活用による翌年度にわたる工期の設定など必要な措置を講じることによ
り、施工時期の平準化を図ることが発注者の責務とされている。

○　予定価格の設定について

　公共工事においては、公共工事品質確保法第7条第1項第1号において、公共工事を実施
する者が、公共工事の品質確保の担い手が中長期的に育成され及び確保されるための適正な
利潤を確保することができるよう、適切に作成された仕様書及び設計書に基づき、経済社会
情勢の変化を勘案し、市場における労務及び資材等の取引価格、健康保険法等の定めるとこ
ろにより事業主が納付義務を負う保険料等とともに、工期、公共工事の実施の実態等を的確
に反映した積算を行うことにより、予定価格を適正に定めることが発注者の責務とされてい
る。

○　工期変更について

　公共工事においては、公共工事品質確保法第7条第1項第7号や入札契約適正化指針にお
いて、設計図書に示された施工条件と実際の工事現場の状態が一致しない場合、用地取得
等、工事着手前に発注者が対応すべき事項に要する手続の期間が超過するなど設計図書に示
されていない施工条件について予期することができない特別な状態が生じた場合、災害の発
生などやむを得ない事由が生じた場合その他の場合において必要があると認められるとき
は、適切に設計図書の変更を行うものとされている。

　また、工事内容の変更等が必要となり、工事費用や工期に変動が生じた場合には、施工に
必要な費用や工期が適切に確保されるよう、公共工事標準請負契約約款に沿った契約約款に
基づき、必要な変更契約を適切に締結するものとし、この場合において、工期が翌年度にわ
たることとなったときは、繰越明許費の活用その他の必要な措置を適切に講ずることとされ
ている。

(iii)　下請契約における基本的な考え方

　建設工事標準下請契約約款では、下請契約において、元請負人は、下請負人に対し、建設業
法及びその他の法令に基づき必要な指示・指導を行い、下請負人はこれに従うこととされてい
る。また、元請負人は、工事を円滑に完成させるため、関連工事との調整を図り、必要がある
場合は、下請負人に対して指示を行うが、工期の変更契約等が生じる場合は、元下間で協議・
合意のうえ、工期や請負代金の額を変更することとされている。加えて、下請負人は関連工事
の施工者と緊密に連絡協調を図り、元請工事の円滑な完成に協力することが重要である。

　下請契約、特に中小零細企業が多く見られる専門工事業者が締結する下請契約においては、多くの場合、注文者が設定する工期に従っているほか、内装工事などの仕上工事、設備工事は前工程のしわ寄せを受けることが多く、竣工日優先で発注・契約され、納期が変更・延期されないまま短縮工期となっても費用増が認められない場合がある。また、工事の繁忙期にあっては急な増員が困難な場合もある。元下間においても下請負人の工期の見積りを尊重して適正な工期を設定するとともに、前工程で工程遅延が発生した場合には後工程がしわ寄せを受けることのないよう工期を適切に延長するとともに、竣工日優先で工程を短縮せざるを得ない場合は、元下間で協議・合意のうえ、契約工期内の突貫工事等に必要な掛増し費用等、適切な変更契約を締結しなければならない。

(4) 本基準の趣旨

　本基準は、適正な工期の設定や見積りにあたり発注者及び受注者（下請負人を含む）が考慮すべき事項の集合体であり、建設工事において適正な工期を確保するための基準である。当初契約や工期の変更に伴う契約変更に際しては、本基準を用いて各主体間で公平公正に最適な工期が設定される必要がある。その結果として、長時間労働の是正等の働き方改革が進むことで建設業が担い手の安心して活躍できる魅力ある産業となり、他方、発注者としても自身の事業のパートナーが持続可能となることで質の高い建設サービスを享受することができ、相互にとって有益な関係を構築するための基準でもある。

　なお、著しく短い工期の疑義がある場合には、本基準を踏まえるとともに、過去の同種類似工事の実績との比較や建設業者が行った工期の見積りの内容の精査などを行い、許可行政庁が工事ごとに個別に判断する。著しく短い工期による請負契約を締結したと判断された場合には、発注者に対しては建設業法第19条の6に規定される勧告がなされ、また、建設工事の注文者が建設業者である場合には、国土交通大臣等は建設業法第41条に基づく勧告や第28条に基づく指示を行うことができる。加えて、入札契約適正化法第11条第2項では、公共工事においては、建設工事の受注者が下請負人と著しく短い工期で下請契約を締結していると疑われる場合は、当該工事の発注者は当該受注者の許可行政庁にその旨を通知しなければならないこととされている。

＜建設業法＞

第19条の6　（略）

2　建設業者と請負契約（請負代金の額が政令で定める金額以上であるものに限る。）を締結した発注者が前条の規定に違反した場合において、特に必要があると認めるときは、当該建設業者の許可をした国土交通大臣又は都道府県知事は、当該発注者に対して必要な勧告をすることができる。

3　国土交通大臣又は都道府県知事は、前項の勧告を受けた発注者がその勧告に従わないときは、その旨を公表することができる。

4　国土交通大臣又は都道府県知事は、第1項又は第2項の勧告を行うため必要があると認めるときは、当該発注者に対して、報告又は資料の提出を求めることができる。

＜入札契約適正化法＞

第11条　各省各庁の長等は、それぞれ国等が発注する公共工事の入札及び契約に関し、当該公

共工事の受注者である建設業者（建設業法第2条第3項に規定する建設業者をいう。次条において同じ。）に次の各号のいずれかに該当すると疑うに足りる事実があるときは、当該建設業者が建設業の許可を受けた国土交通大臣又は都道府県知事及び当該事実に係る営業が行われる区域を管轄する都道府県知事に対し、その事実を通知しなければならない。

（略）

二　第15条第2項若しくは第3項、同条第1項の規定により読み替えて適用される建設業法第24条の8第1項、第2項若しくは第4項又は同法第19条の5、第26条第1項から第3項まで、第26条の2若しくは第26条の3第7項の規定に違反したこと。

(5)　適用範囲

　建設業法が、建設工事の全ての請負契約を対象にしていることを踏まえ、本基準の適用範囲は、公共工事・民間工事を問わず、発注者及び受注者（下請人を含む）、及び民間発注工事の大きな割合を占める住宅・不動産、鉄道、電力、ガスを含む、あらゆる建設工事が対象である。

　また、「工期」とは、建設工事の着工から竣工までの期間を指す。

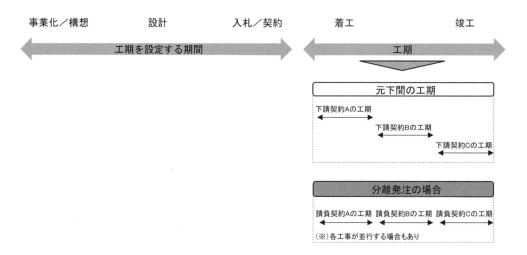

　なお、施工段階より前段階の、事業化／構想、設計、資機材の調達等の計画・進捗・品質が工期に影響を与えるため、円滑な進捗や完成度の高い成果物の作成等に努め、工期にしわ寄せが生じないようにしなくてはならない。また、事業化／構想段階、設計段階において工程や工期を検討する場合は、施工段階における適正な工期の確保に配慮することが重要である。

　そのため、事業化／構想段階、設計段階など工期を検討する段階で、適正に工期を設定するための知見や生産性向上のノウハウを盛り込むために、工事の特性等に合わせて、施工段階の前段階から受注者が関与することも有用である。また、施工段階において、設備工事等の各工事を分離して発注・契約する場合においても、本基準を用いて、適正な工期を設定する必要がある。

　　＜用語の定義＞

　　工期：建設工事の着工から竣工までの期間

　　発注者：建設工事（他の者から請け負ったものを除く）の注文者をいう

受注者：発注者から直接工事を請け負った請負人をいう

元請負人：下請契約における注文者で、建設業者であるもの

下請負人：下請契約における請負人

下請契約：建設工事を他の者から請け負った建設業を営む者と他の建設業を営む者との間で
　　　　　当該建設工事の全部又は一部について締結される請負契約

(6)　工期設定における受発注者の責務

　　工期は、一般的に、公共工事では発注者が設定し、入札に付される。他方、民間工事では、受注（候補）者の提案等に基づいて発注者が設定する場合、受注者が発注者の希望に基づき提案し受発注者双方が合意のうえで設定する場合、施工段階より前に受注（候補）者が参画しつつ受発注者双方が合意のうえで設定する場合等、様々な場合がある。

　　なお、公共工事、民間工事を問わず、建設工事の請負契約を締結するに当たっては、適正な工期を設定できるよう、契約の当事者が対等な立場で、それぞれの責務を果たす必要がある。

＜一般的な工期の設定者＞

○　公共工事：

・発注者が工期を決定。

（※）公示段階で仕様の前提となる条件が不確定な場合（技術提案によって仕様の前提となる条件が変わる場合を含む。）には、発注者、優先交渉権者（施工者）及び設計者の三者がパートナーシップを組み、発注者が柱となり、三者が有する情報・知識・経験を融合させながら、設計を進めていく場合がある。

（『国土交通省直轄工事における技術提案・交渉方式の運用ガイドライン（国土交通省大臣官房地方課、技術調査課、官庁営繕部（令和2年1月））』における、技術協力・施工タイプなど。）

○　民間工事：

・発注者が経験則から想定したり、設計者の協力を踏まえつつ工期を概算する等、受注者に発注者の希望を伝達。その後、受注者から提案を受けて、受発注者の双方合意のうえで工期を決定。

・受注者が施工段階より前に関与して、受発注者の双方合意のうえで、工期を決定する場合もある。

＜工期設定における発注者の果たすべき責務＞

・発注者は、受注者の長時間労働の是正や建設業の担い手一人ひとりの週休2日の確保など、建設業への時間外労働の上限規制の適用に向けた環境整備に対し協力する。

・作成された設計図書の完成度が十分でない場合、設計変更に伴う遅延やそれを補完する業務が施工段階で発生するおそれがあるため、設計図書未決定事項の解消や意匠・構造・設備の整合性をとることで完成度を高めるように努める。

・発注者において適正な工期設定に関する知見を有する者（エンジニア等）が工期算定の職務に従事している場合は、工期設定の検討段階でその知見を十分に活用・反映させる必要がある。

・受注者が関与することなく発注者（設計者を含む）が工期を設定する場合、第2章（10）その他にある日本建設業連合会の「建築工事適正工期算定プログラム」や国土交通省の「工期設定支援システム」等を適宜参考にしつつ、適正な工期が確保できるよう努める。

・大規模な工事についての可能な範囲での見通しの公表や、工事時期の集中期間の回避などにより、受注者からの情報も参考としつつ、施工時期の平準化に資する取組を推進するよう努める。

・各工程に遅れを生じさせるような事象等について受注者から報告を受けた場合、受注者と共に工程の遅れの原因を明らかにし、その原因が発注者の責に帰すべきもの、受注者の責に帰すべきもの、不可抗力のように受発注者の責に帰すことができないものであるかを特定したうえで、受発注者間で協議して必要に応じて契約変更を行う。

・発注者（設計者を含む）は設計図書等に基づいて設計意図を伝達するとともに、施工条件が不明瞭という通知を受注者から受けた場合は、施工条件を明らかにする。

・生産性向上は工期の短縮や省人化等のメリットが受発注者双方にあることも踏まえ、建設工事における生産性向上に向けた取組が進められるよう、受注者に協力するよう努める。

・【公共工事】公共工事においては、通常、入札公告等において当初の工期が示されることから、発注者には、本基準に沿って適正な工期を設定することが求められる。また、長時間労働の是正等の観点からも、公共工事に従事する者の労働時間その他の労働条件が適正に確保されるよう適正な工期の設定を行うなど、上記(3)(ⅱ)にあるとおり、公共工事品質確保法第7条等や入札契約適正化法第18条に基づく発注者の責務等を遵守する必要がある。

・【公共工事】公共工事においては、公共工事品質確保法第3条第5項に基づき、地盤の状況に関する情報その他の工事及び調査等に必要な情報を的確に把握し、より適切な技術等を活用することにより、公共工事の品質を確保することが求められる。

・【民間工事】工事の内容によっては、設計図書等において施工条件等をできるだけ明確にすることが求められる。

・【民間工事】特に建築工事において、発注者・工事監理者・受注者の三者が合意形成ルールを早期に明確化したうえで、工事工程と連動したもの決め（施工図・製作図・仕様の決定）、工程表の円滑な運用を心掛ける。

・【民間工事】設計図書等の施工計画及び工期の設定や請負代金の額に影響を及ぼす事象について、請負契約を締結するまでに、必要な情報を受注（候補）者に提供し、必要に応じ、工事に係る費用及び工期についての希望を受注（候補）者に伝達したうえで、これらの見積りを受注（候補）者に依頼する。そして、請負契約の締結の際、本基準を踏まえ、受注者と協議・合意し、適正な工期を設定する。

<建設業法>
第20条の2　建設工事の注文者は、当該建設工事について、地盤の沈下その他の工期又は請負代金の額に影響を及ぼすものとして国土交通省令で定める事象が発生するおそれがあると認めるときには、請負契約を締結するまでに、建設業者に対して、その旨及び当該事象の状況の把握のため必要な情報を提供しなければならない。

・【民間工事】災害や不可抗力等により、引渡日の変更があり得ることを売買・賃貸借契約時に当該目的物を利用する者等に説明する。適正な工期が設定されている中で、災害や不可抗力等により現実に工程の遅延が生じ、建設労働者の違法な長時間労働を前提とする工程を設定しなければ遅れを取り戻すことが不可能な場合、当該目的物を利用する者等に引渡日の変更について理解を求める。

＜工期設定において受注者の果たすべき責務＞

・受注者は、建設工事に従事する者が長時間労働や週休2日の確保が難しいような工事を行うことを前提とする、著しく短い工期となることのないよう、受発注者間及び元下間で、適正な工期で請負契約を締結する。

・受注者は、施工条件が不明瞭な場合は、発注者へその旨を通知し、施工条件を明らかにするよう求める。各工程に遅れを生じさせるような事象等が生じた場合は、速やかに発注者に報告し、工程の遅れの原因を分析し、その原因が発注者の責に帰すべきもの、受注者の責に帰すべきもの、不可抗力であるかを特定したうえで、受発注者間で協議して、必要に応じて契約変更等を行う。

・受発注者間の工期設定がそれ以降の下請契約に係る工期設定の前提となることを十分に認識し、適正な工期での請負契約の締結や、変更理由とその影響を明らかにした工期変更、下請契約に係る工期の適正化、特に前工程の遅れによる後工程へのしわ寄せの防止に関する取組等を行う。

・下請契約の締結に際して、材料の色や品番、図面などの未決定事項がある場合、元請負人は発注者（設計者を含む）に現場施工に支障を来さない期限での仕様決定を求めつつ、下請負人にそうした状況を伝えるとともに、決定の遅れによる工程遅延が生じた場合の遅延した期間とそれに伴う掛かり増し経費について、下請契約へ適切に反映するとともに、遅延の原因が発注者（設計者を含む）である場合は、受発注者間で協議を行い、発生した費用を求める。

・適正な品質や工程を確保するために合理的な技術提案を積極的に行い、より一層の生産性向上に向けた取組を推進する。特に民間工事においては、その取組によって生じるコストの増減等のメリット・デメリットについて発注者に対して適切に説明する。

　　　（生産性向上のための施策例）
　　　　　・ハード技術の活用
　　　　　　（現場打ちの時間省略に資するプレキャスト製品　等）
　　　　　・各種ICT（情報通信技術）の活用
　　　　　　（情報伝達・図面閲覧・検査　等）
　　　　　・設計・施工プロセスの最適マネジメント
　　　　　　（工事の特性等に合わせたフロントローディングの実施　等）
　　　　　・技能者の技能向上

・【公共工事】公共工事においては、公共工事品質確保法第8条等に基づき、受注者・下請負人双方を含む公共工事等を実施する者は、下請契約を締結するときは、下請負人に使用される技術者、技能労働者等の賃金、労働時間等の条件、安全衛生その他の労働環境が適正に整備されるよう、市場における労務の取引価格等を的確に反映した適正な額の請負代金及び適正な工期を定める下請契約を締結しなければならない。

・【民間工事】特に建築工事において、発注者・工事監理者・受注者の三者が合意形成ルールを早期に明確化したうえで、工事工程と連動したもの決め（施工図・製作図・仕様の決定）、工程表の円滑な運用を心掛ける。

・【民間工事】請負契約の締結の際、本基準を踏まえつつ工期を検討し、当該工期の考え方等を発注者に対して適切に説明し、受発注者双方の協議・合意のうえで、適正な工期を設定す

る。

- 【民間工事】受注者（下請負人を含む）は建設工事の適正な工期の見積りの提出に努め、その工期によっては建設工事の適正な施工が通常見込まれない請負契約の締結（「工期のダンピング」）は行わない。

（※）建設業法の趣旨を踏まえ、工事の工程ごとに工期の見積りをするように努めなければならない。なお、工事ごとに、工期の見積りの仕方（必要日数の算出方法等）が異なることを踏まえつつ、必要に応じて、適正な工期が確保できているか受発注者で見積り内容を確認し、その内容について合意しなくてはならない。

＜建設業法＞

第20条　建設業者は、建設工事の請負契約を締結するに際して、工事内容に応じ、工事の種別ごとの材料費、労務費その他の経費の内訳を並びに工事の工程ごとの作業及びその準備に必要な日数を明らかにして、建設工事の見積りを行うよう努めなければならない。

- 【民間工事】受発注者が互いに協力して施工時期の平準化に資する取組を推進するために、各々の工事における施工時期を繁忙期からずらすことで安定した工程や労働力の確保、均質な品質管理体制の構築、コスト減などが見込まれる場合は、発注者にその旨を提示する。

第2章　工期全般にわたって考慮すべき事項

　建設工事は、工期の厳守を求められる一方で、天候不順や地震・台風などの自然災害のほか、建設工事に従事する者の休日の確保、現場の状況、関係者との調整等、工期に影響を与える様々な要素があり、工期設定においては以下の事項を考慮して適正な工期を設定する必要がある。

(1)　自然要因

　　工期の設定・見積りに当たっては、以下の事項を考慮する。

・降雨日・降雪日（雨休率の設定　等）

【参考】国土交通省発注の土木工事においては、施工に必要な実日数に雨休率を乗じた日数を「降雨日」として設定。なお、雨休率については、地域ごとの数値のほか、0.7を用いることも可。

・河川の出水期における作業制限

・寒冷・多雪地域における冬期休止期間

　　（冬期における施工の困難性、及びそれに伴う夏期への工事の集中・輻輳（特に北海道等への配慮））

　　（※）上記及びその他の気象、海象などを含む自然要因については、必要に応じて、受発注者間及び元下間で協議して工期に反映する。

等

(2)　休日・法定外労働時間

　　建設業をより魅力的な産業とするため、また、令和6年4月より改正労働基準法の時間外労働の罰則付き上限規制が建設業にも適用されることも踏まえ、建設業の働き方改革を推進する必要がある。

・法定外労働時間

　　労働基準法における法定労働時間は、1日につき8時間、1週間につき40時間であること、また改正法施行の令和6年4月に適用される時間外労働の上限規制は、臨時的な特別の事情がある場合として労使が合意した場合であっても、上回ることの出来ない上限であることに考慮する必要がある。また、時間外労働の上限規制の対象となる労働時間の把握に関しては、工事現場における直接作業や現場監督に要する時間のみならず、書類の作成に係る時間等も含まれるほか、厚生労働省が策定した「労働時間の適正な把握のために使用者が講ずべき措置に関するガイドライン」を踏まえた対応が求められることにも考慮しなければならない。

・週休2日の確保

　　建設工事の目的物は、道路、堤防、ダム、鉄道、住宅、オフィスビルなど多岐にわたり、工事の進め方は、オフィスや鉄道など、土日の作業が望ましい工事があるように、工事内容によって千差万別である。

　　国全体として週休2日が推進される中、建設業では長らく週休1日（4週4休）の状態が続いていたが建設現場の将来を担う若者をはじめ、建設業に携わる全ての人にとって建設業をより魅力的なものとしていくためには、他産業と同じように、建設業の担い手一人ひとりが週休2日（4週8休）を確保できるようにしていくことが重要である。日曜のみ休みという状態が続いてきた建設業において、週休2日（4週8休）をすべての建設現場に定着させていくためには、建設業界が一丸となり、意識改革から始めなければならない。現在多くの建設業団体が行っている4週8閉所の取組は、こうした意識改革、価値観を転換していくための有効な手段の一つであると考えられる。また、維持工事やトンネル工事、災害からの復興工事対応など、工事の特性・状況によっては、交代勤務制による建設業の担い手一人ひとりの週休2日（4週8休）の確保が有効な手段の一つとなると考えられる。

　　ただし、年末年始やゴールデンウィーク、夏休み等の交通集中期間における工事規制の制約、山間部や遠方地といった地域特性、交通・旅客に対する安全配慮、災害復旧等の緊急時対応を求められる工事等においては、必ずしも4週8閉所等が適当とは限らない工事が存在することに留意しなければならない。

　　なお、建設業における週休2日の確保に当たっては、日給月給制の技能労働者等の処遇水準の確保に十分留意し、労務費その他の必要経費に係る見直し等の効果が確実に行き渡るよう、適切な賃金水準の確保等を図ることが必要である。

<働き方改革実行計画　抜粋>
（時間外労働の上限規制）

　週40時間を超えて労働可能となる時間外労働の限度を、原則として、月45時間、かつ、年360時間とし、違反には以下の特例の場合を除いて罰則を課す。特例として、臨時的な特別の事情がある場合として、労使が合意して労使協定を結ぶ場合においても、上回ることができない時間外労働時間を年720時間（＝月平均60時間）とする。かつ、年720時間以内において、一時的に事務量が増加する場合について、最低限、上回ることのできない上限を設ける。

　この上限について、①2か月、3か月、4か月、5か月、6か月の平均で、いずれにおいても、休日労働を含んで、80時間以内を満たさなければならないとする。②単月では、休日労働を含んで100時間未満を満たさなければならないとする。③加えて、時間外労働の限度の原則

は、月45時間、かつ、年360時間であることに鑑み、これを上回る特例の適用は、年半分を上回らないよう、年6回を上限とする。

　他方、労使が上限値までの協定締結を回避する努力が求められる点で合意したことに鑑み、さらに可能な限り労働時間の延長を短くするため、新たに労働基準法に指針を定める規定を設けることとし、行政官庁は、当該指針に関し、使用者及び労働組合等に対し、必要な助言・指導を行えるようにする。

　建設事業については、限度基準告示の適用除外とされている。これに対し、今回は、罰則付きの時間外労働規制の適用除外とせず、改正法の一般則の施行期日の5年後に、罰則付き上限規制の一般則を適用する（ただし、復旧・復興の場合については、単月で100時間未満、2か月ないし6か月の平均で80時間以内の条件は適用しない）。併せて、将来的には一般則の適用を目指す旨の規定を設けることとする。5年後の施行に向けて、発注者の理解と協力も得ながら、労働時間の段階的な短縮に向けた取組を強力に推進する。

＜参考＞

（一社）日本建設業連合会における取組（例）

○時間外労働の段階的な削減や週休2日の確保を実現するためには、発注者や国民の理解を得るための自助努力が不可欠であることから、工期の延伸をできる限り抑制するための生産性向上に向けた指針として、2020年までの5年間を対象期間とする「生産性向上推進要綱」を策定し、フォローアップの実施、優良事例集の作成などを通じて各企業の取組を積極的に支援している。

○「時間外労働の適正化に向けた自主規制の試行」（平成29年9月）として、改正法施行後3年目までは年間960時間以内、4・5年目は年間840時間以内を目指すなど、猶予期間後の上限規制（年間720時間）の適用に先んじて時間外労働を段階的に削減するとしている。

○「週休二日実現行動計画」（平成29年12月）を策定し、原則として全ての工事現場を対象として、平成31年度末までに4週6閉所以上、平成33年度末までに4週8閉所の実現を目指すとともに、「統一土曜閉所運動」として、平成30年度は毎月第2土曜日、平成31年度からは毎月第2・4土曜日の現場閉所を促すこととしている。

　（一社）全国建設業協会における取組（例）

○働き方改革行動憲章を具体的に推進するため『休日　月1＋（ツキイチプラス）』運動を実施し、会員各企業において、平成30年度以降、建設業への長時間労働の罰則規定の適用を待つことなく4週8休を確保することを最終目標に掲げている。平成29年度に休日が確保された実績に対し、現場休工や業務のやり繰りにより従業員へ休日を付与し、毎月プラス1日の休日確保を目標とする。なお、最終目標とする4週8休が確保された各企業においては、自ら「4週8休実現企業」として宣言することとしている。ただし、災害復旧・除雪等の緊急現場を除く。

休日確保に向けた民間発注者の取組（例）

○一部の民間工事においては、建設工事に従事する者の休日の確保に向け、発注者として、4週8休を想定した必要日数の算定をはじめ、月1三連休の実施、受注者の自由提案に基づく

工期の設定などの取組を実施。

※年始やGW、夏休み等の交通集中期間において工事規制が生じる道路工事や、山間部や遠方地で作業を実施する電力工事、異常時対応、緊急工事や駅構内工事における旅客への安全配慮が必要な鉄道工事など、必ずしも4週8閉所等が適当とは限らない工事が存在することに留意。

(3) イベント

工期の設定・見積りに当たっては、以下の事項により、通常に比して長い工期を設定する必要が生じる場合があることを考慮した工期を設定する。

・年末年始、夏季休暇、ゴールデンウィーク、地元の催事等に合わせた特別休暇・不稼働日
・駅伝やお祭り等、交通規制が行われる時期
・農業用水等の落水時期（月・日）
・海、河川魚類等の産卵時期・期間
・猛禽類や絶滅危惧種など生息動植物への配慮
・夜間作業を伴う工事における騒音規制等への対応と労務確保

等

(4) 制約条件

工期の設定・見積りに当たっては、以下の敷地条件に伴う制約等が生じることを考慮した工期を設定する。

・鉄道近接、航空制限などの立地に係る制約条件
・車両の山積制限や搬出入時間の制限
・道路の荷重制限
・スクールゾーンにおける搬入出時間の制限
・搬入路・搬入口・搬入時間の制限によって、工程・工期の見直しが必要となる場合に要する時間
・周辺への振動、騒音、粉塵、臭気、工事車両の通行量等に配慮した作業や搬出入時間の制限
　（例）オフィス街での作業抑制、住宅地域での夜間作業制約、工事敷地におけるタワークレーンの稼働範囲及び稼働時間の制限
・荷揚げ設備による制約（クレーン、エレベーター、リフト、構台等）

等

(5) 契約方式

工期の設定・見積りに当たっては、契約方式によって、受注者の工期設定への関与、工期・工程の管理方法等が異なることを考慮する。

・設計段階における受注者（建設業者）の工期設定への関与

設計・施工一括方式など、契約方式によっては、受注（候補）者が施工段階より前に工期設定に関与する場合があり、この場合は、受注者の知見を設計図書等に反映し、受発注者双方の協議・合意のうえで、施工段階の適正な工期を確保していくことが重要である。

他方、受注者が設計段階で工期設定に関与しない場合には、建設工事の請負契約の締結に際して、受発注者双方の協議・合意のうえで、工期を決定しなければならない。なお、協議によって、発注者が指定・希望する工期よりも工期が長くなると判断される場合には、その

結果を契約条件に反映しなければならない。

・分離発注

　　建設工事は、発注者が元請負人に工事を一括で発注し、元請負人が工事の内容に応じて下請負人と専門工事の請負契約を行い、下請工事を含む工事全体の施工管理を行う場合が多いが、発注者が、工事種別ごとに専門工事業者に分離して発注する、いわゆる分離発注が行われる場合もある。その場合には発注者が、分離発注した個々の工事の調整を行い、適正な工期を設定するとともに、工事の進捗に応じて個々の工事間の調整を行い、前工程の遅れによる後工程へのしわ寄せの防止などの取組を行う必要がある。

　　公共工事における設備工事等の分離発注については、入札契約適正化指針において、発注者の意向が直接反映され施工の責任や工事に係るコストの明確化が図られる等当該分離発注が合理的と認められる場合において、工事の性質又は種別、発注者の体制、全体の工事のコスト等を考慮し、専門工事業者の育成に資することも踏まえつつ、その活用に努めることとされている。また、建築における設備工事が分離されている場合など、分離発注により、施工上密接に関連する複数の工事がある場合においては、公共工事標準請負契約約款第2条や民間建設工事標準請負契約約款（甲）第3条において、工期の遅れ等により他の工事に影響が及ぶなど、必要があるときは、発注者は、双方の工事の施工につき調整を行い、受注者は、発注者の調整に従い、他の工事の円滑な施工に協力しなければならないこととされている。

(6)　関係者との調整

　　工事に着手する前に関係者との調整を完了させることが望ましいが、やむを得ず着工と同時並行的に進める場合には、以下の事項を考慮した工期を設定する。

・施工前に必要な計画の地元説明会のほか、工事中における地元住民や地元団体（漁業組合など）からの理解を得るために要する期間

・電力・ガス事業者などの占用企業者等との協議調整に要する時間

・農業用水に影響が及ぶ場合、施設管理者等との協議に要する時間

・関係者との調整が未完了の場合（例：用地未買収のまま工事を発注する等）、協議内容や完了予定時期等についての特記仕様書等の記載

・設計図の精度（齟齬）や図渡し時期の遅れによる工期の調整期間

・発注者のテナントの要望による着工後の設計変更（予想される箇所の図面の未決定、図面承認後の変更）に伴う工期変更

等

(7)　行政への申請

　　建設工事においては、行政に対して種々の申請が必要となるため、工期を見積り・設定するに当たってはそれらの申請に要する時間を考慮しなくてはならない。やむを得ず着工と同時並行的に進める場合には、以下の事項を考慮した工期を設定する。

・新技術や特許工法を指定する場合、その許可がおりるまでに要する時間

・一定の重量・寸法（一般的制限値）を超える車両が道路を通行する場合、トラック事業者は道路管理者に特車通行許可を受ける必要があるため、許可がおりるまでに要する時間

・交通管理者（警察）との道路工事等協議、道路使用許可申請、河川管理者への河川管理者以外の者の施工する工事等の申請、土地の掘削等の申請、自治体への特定建設作業実施届や特

定施設設置届等、労働基準監督署への建設工事届等、消防への危険物仮貯蔵届等、港湾管理者や海岸管理者等への水域利用に関する許認可等の申請、環境省への自然公園法に関する許認可等の申請、林野庁への国有林野使用許可や保安林解除等の申請、文化庁への文化財保護に関する許認可等の申請に要する時間

・河川管理者への申請等に伴い、絶滅危惧種などに関する保全計画書を求められる場合、提示に要する時間

・建築確認や開発許可がおりるまでに要する時間

等

(8) 労働・安全衛生

建設工事に当たっては、労働安全衛生法等関係法令を遵守し、労働者の安全を確保するための十分な工期を設定することで、施工の安全性を確保するとともに、社会保険の法定福利費や安全衛生経費を確保することが必要であり、契約締結に当たっては、安全及び健康の確保に必要な期間やこれらの経費が適切に確保されることが必要である。

労働者が現場で安心して働けるようにするとともに、質の高い建設サービスを提供していくためには、技能者一人ひとりに対するそれぞれの技能に応じた適切な処遇を通じ、すべての技能者がやりがいをもって施工できるようにしていくことが重要である。

そのため、公共工事設計労務単価の上昇を現場の技能労働者の賃金水準の上昇という好循環に繋げるとともに、技能と経験を「見える化」する建設キャリアアップシステムの活用、社会保険や建設業退職金共済への加入を促進することにより、技能労働者の処遇改善を図っていくことが必要である。

(9) 工期変更

請負契約の締結に当たっては、受発注者双方で協議を行い、工期の設定理由を含め契約内容を十分に確認したうえで適正な工期を設定するとともに、契約後に工期変更が生じないよう、下請工事を含め、工事全体の進捗管理を適切に行うなど、工事の全体調整を適切に行うことが重要である。

しかし、確認申請の遅れ、追加工事、設計変更、工程遅延等が発生し、当初契約時の工期では施工できない場合には、工期の延長等を含め、適切に契約条件の変更等を受発注者間で協議して合意したうえで、施工を進める必要がある。その際、クリティカルパス等を考慮し、追加工事や設計変更等による工事内容の変更等を申し出ることができる期限をあらかじめ受発注者間で設定することも有効であると考えられる。設計図書と実際の現場の状態が一致しない場合や、発注者が行うべき関係者との調整等により着手時期に影響を受けた場合、天災等の不可抗力の影響を受けた場合、資材・労務の需給環境の変化その他の事由により作業不能日数が想定外に増加した場合など、予定された工期で工事を完了することが困難と認められるときには、受発注者双方の協議のうえで、必要に応じて、適切に工期延長を含めた変更契約を締結する。なお、工期変更の理由としては、発注者の責に帰すべきもの、受注者の責に帰すべきもの、不可抗力のように受発注者の責に帰すことができないものがあり、双方対等な立場で変更理由を明らかにしつつ受発注者で協議する必要がある。

工期が延長となる場合や、工程遅延等が生じたにも関わらず工期延長ができず、後工程の作業が短期間での実施を余儀なくされる等の場合には、受発注者間で協議を行ったうえで、必要に応じて、必要となる請負代金の額（リース料の延長費用、短期間施工に伴う人件費や施工機

械の損料等の掛かり増し経費等）の変更等、変更契約を適切に締結しなければならない。また、受発注者間で契約条件の変更等をした場合には、その結果を適切に元下間の契約に反映させなければならない。

⑽　その他

　⑴～⑼に挙げる要素の他に、以下の事項を考慮して工期を設定する。

・他の工事の開始／終了時期により、当該工事の施工時期や全体工期等に影響が生じうる場合は、それらを考慮して工期を設定する。

・施工時期や施工時間、施工方法等の制限がある場合は、それらを考慮して工期を設定する。

　　（例）平日の通行量が多い時間帯を避ける必要のある道路補修工事や、

　　　　ダイヤの多い日中を避ける必要のある鉄道線路工事

・新築工事においては、受電の時期及び設備の総合試運転調整に必要な期間を考慮し、適切に概成工期を設定することが望ましい。

・文化財包蔵地である場合、文化財の調査に必要な時間について考慮する。

・受発注者は工期を設定するに当たって、工事の内容や特性等を踏まえ、必要に応じて、日本建設業連合会の「建築工事適正工期算定プログラム」や国土交通省の「工期設定支援システム」、「直轄土木の適正な工期設定指針（国土交通省大臣官房技術調査課（令和２年３月））」、「公共建築工事における工期設定の基本的考え方（中央官庁営繕担当課長連絡調整会議　全国営繕主管課長会議（平成30年２月））」などを適宜参考とする。なお、これらのプログラムやシステム等は適宜更新されることを踏まえ、最新のものを参考とする。

・公共工事においては発注者が発注時に参考資料として概略工程表を提示し、受注者と工期の設定の考え方を共有する取組が行われているところであり、公共工事、民間工事を問わず、このような工程管理に資する取組にも留意する。

・各工種の工程の遅れが全体の工期の遅れにつながらないよう、受発注者が常に工程管理のクリティカルパスを認識し、クリティカルパス上の作業の進捗を促進するよう適切に進捗管理を行う必要がある。

等

第３章　工程別に考慮すべき事項

　工期は大きく分けて、準備・施工・後片付けの３段階に分けられる。当初契約の締結時や工期の変更に伴う契約変更における工期設定に当たっては、準備段階では資材調達・人材確保等に要する時間、施工段階では工程ごとの特徴や工程ごとの進捗管理等、後片付けでは原形復旧や清掃に必要な時間等を考慮して適正な工期を設定する必要がある。

　なお、工事によって内容やその工程は多様であり、以下に列挙する事項が必ずしも全ての工事において考慮すべき事項に該当するとは限らないため、個々の工事の工程や性質に応じて適切に考慮されたい。

⑴　準備

（ⅰ）　資機材調達・人材確保

　資機材の流通状況を踏まえ、必要に応じて、資材の調達に要する時間（例：コンクリートの試験練りに要する期間、盛土・埋戻材やその他資材の承認を得るために行う各種試験の条件整理・準備・実施・承認に要する期間）や性質（例：コンクリートは、日平均気温によって養生

期間が異なる）も考慮した工期を設定する。

　なお、資材が発注仕様を満たさない場合や機材調達に制約が生じる場合は工事遅延の要因となる（例：大型クレーン等の特殊機械は、一般に使用期間を変更することが困難であるため、特殊機械の使用期間の変更を極力避ける必要がある）ので、資機材業者と綿密に調整を行うことが必要となる。

＜建設資材の調達に時間を要する例＞
○高力ボルトについて
　平成30年8月以降、建設業関係者等から高力ボルトひっ迫の声があり、同年11月に『第1回高力ボルトの需給動向等に関するアンケート調査』を実施、結果公表。3回にわたる調査の結果、高力ボルトの需給ひっ迫の要因は、実需の増加ではなく、市場の混乱に基づく仮需要の一時的な増加によるものと推定し、需給の安定化に向けた取り組みを実施。平成31年3月の調査では、高力ボルトの納期は6.0～7.8ヵ月となっており、高力ボルトの調達には平時より大幅に長い時間を要した。

　また、職種・地域によっては特定の人材が不足する場合があることに考慮し、必要に応じて、人材の確保に要する時間を考慮した工期を設定するとともに、地域外からの労働者確保に係る経費について、元下間で協議する。

＜参考＞
　地震や豪雨災害等の被災地をはじめとする一部の地域においては、交通誘導員の逼迫等に伴い、その確保が困難となり、円滑な施工に支障を来たしているとの事態も見受けられる。交通誘導員を必要とする工事では、交通誘導員を確保するために要する時間を考慮する。

交通誘導員の円滑な確保について
　　　　　　　　　　　　　　（総行行第131号　国土入企第2号　平成29年6月8日）（抄）
1．交通誘導に係る費用の適切な積算
　交通誘導員を含め地域外から労働者を確保する場合や市場価格の高騰が予想される場合等において、これに伴う費用の増加への対応については、「公共工事の迅速かつ円滑な施工確保について」（平成25年3月8日付総行行第43号・国土入企第34号）において通知した「平成24年度補正予算等の執行における積算方法等に関する試行について」（平成25年2月6日付国技建第7号）を参考にするとともに、交通誘導員の労務費についても、標準積算と市場価格との間に乖離が想定される場合には、必要に応じて見積を活用するなど適切な対応を図ること。
2．適切な工期設定や施工時期等の平準化
　工期の設定についても、工事の性格、地域の実情、自然条件、労働者の休日等による不稼働日等を踏まえ、工事施工に必要な日数を確保するよう要請してきたところ、これを徹底するとともに、交通誘導員の確保が困難といった事由等がある場合は、受注者からの工期延長の請求に関して適切な対応を図ること。
3．関係者間による交通誘導員対策協議会の設置等
　交通誘導員の確保対策については、地域ごとに交通誘導員の需給状況や配置要件等が異なっており、地域の実情に応じた検討がなされる必要があるところ、建設工事の受発注者や建設業

関係団体のみでなく、警備業者やその関係団体、警察当局等とも連携して対応することが効果的である。

　このため、必要に応じ、都道府県単位で関係者協議会を設置すること等により、(1)により交通誘導員の確保に関する対応策等について検討を行い、適切に共通仕様書等への反映を図ること。

　また、現行の警備業法（昭和47年法律第117号）等の解釈については、(2)を参照されたい。

(1)　協議会等で想定される検討内容の例
　　○　交通誘導員の需給状況の認識共有
　　　・今後の発注見通しを踏まえた、地域ごとの過不足状況に関するきめ細かな把握
　　　　○　交通誘導員の不足が顕在化又は懸念される場合の対策
　　　　　・受注者がいわゆる自家警備を行う場合の条件整理
　　　　　・受発注者が交通誘導員や工事用信号機等の保安施設の配置計画を検討する際に留意すべき情報の共有

(2)　警備業法上、警備業者が指定路線[1]における交通誘導警備業務を行う場合は、交通誘導警備業務に係る1級又は2級の検定合格警備員を、交通誘導警備業務を行う場所ごとに1人以上配置する必要がある一方、指定外路線の場合は警備業者の警備員であれば足りる。

　　また、指定・指定外の路線を問わず、元請建設企業の社員によるいわゆる自家警備は可能である。

　　なお、警備業法上、同一の施工現場であっても、それぞれの交通誘導警備員の雇用主である警備会社ごとに区域等で分担することにより、警備業務に係る指揮命令系統の独立性が確保された適正な請負業務であれば、複数の警備会社に請け負わせていても差し支えない。

交通誘導員の円滑な確保について（補足）（事務連絡　平成29年9月22日）（抄）

1．本通知の趣旨について

　本通知は、被災地等の一部地域において交通誘導員のひっ迫等に伴いその十分な確保が困難となり、公共工事の円滑な施工に支障を来たしているとの実態も見受けられたことから、こうした状況を踏まえ、復旧工事をはじめとする公共工事の円滑な施工を確保するために発出したものである。

　交通誘導業務を含む建設工事の安全確保については、適切に行われなければ、建設工事に従事する者のみならず、一般の歩行者や車両等の第三者に危害を与える恐れがあることから、交通誘導員の確保対策等を検討するに当たっては、安全の確保の重要性について十分に留意されたい。

2．本通知3(1)について

　本通知3(1)中、交通誘導員対策協議会等で想定される検討内容の例として「交通誘導員の需給状況の認識共有」を挙げているが、これには、本通知の「1．交通誘導に係る費用の適切な積算」や「2．適切な工期設定や施工時期等の平準化」等に関して、協議会等において必要な情報共有や検討を行うことも含まれるものである。

　また、交通誘導員の不足が顕在化又は懸念される場合の対策の例の一つとして挙げている「受注者がいわゆる自家警備を行う場合の条件整理」については、地域の実情に応じて検討されるものではあるが、警備業者が交通誘導員不足により交通誘導警備業務を受注することがで

きない場合であって工事の安全上支障がない場合に限るなどといった、やむを得ない場合における安全性を確保した運用を想定しているところである。

いわゆる自家警備の配置を検討する場合には、警備業者やその関係団体、警察当局等とも連携のうえで、交通誘導業務を含む建設工事の安全が十分に確保されるよう、現場条件や資格要件等の配置条件の整理を行われたい。

３．本通知３(2)について

本通知３(2)中、いわゆる自家警備について警備業法等の解釈を示した箇所については、協議会等において条件整理を検討する際、解釈に疑義が生じないよう確認的に示したものであり、２．で述べたとおり、いわゆる自家警備を奨励する趣旨のものではないことに十分留意されたい。

(ii) 資機材の管理や周辺設備

特に民間工事においては、工事に必要な資機材の保管場所や作業場所の条件等、以下の事項を考慮して工期を設定する。

・工事用資機材の保管及び仮置き場所として、発注者からのヤード提供がない場合や、提供されたヤードが不十分な場合、支給材料及び貸与品がある場合は、その場所の設置や物品の引き渡し等に要する期間
・現場事務所の設置、駐車場の確保、宿泊施設の手配等に要する時間
・資機材の搬入口や工事用道路の通行制限等による作業効率の低下、狭隘な施工場所における割り当て人員・チームの制限
・仮設道路・進入路の整備、敷地造成、電力設備、給排水設備、濁水処理設備、給気設備等の整備に要する期間

(iii) その他

資機材や人員の確保、周辺設備の他に、以下の事項を考慮した工期を設定する。

・現地の条件を踏まえた詳細な施工計画の作成に要する時間
・工事着手前に試掘調査、土質調査を実施し、当該調査結果を踏まえ、工種や工事数量を決定し、設計図書を照査するため、調査及び照査に要する時間
・工事着手前に要する、家屋調査・家屋保証協議及び埋設物管理者との調整時間
・設計時の条件と現地の状況が大きく異なる場合、仮設計画（搬入、揚重計画等）の変更に要する時間
・既存建物の解体跡地ですぐに建替えをする場合、地盤の補強等に要する時間
・当該工事で適用される環境法令の調査に要する時間
・任意仮設の場合や、指定仮設においても設計照査の結果、契約時の仮設計画の変更が必要となる場合、仮設計画や施工機械（山留、基礎、桟橋等）の検討・調達に要する時間
・事前に行う試験に要する時間（試験杭の施工・載荷試験、地耐力調査、盛立試験、試験緊張、施工の実物大モックアップ、材料試験、試験練り、工場検査等）

(2) 施工

施工段階の各工程において考慮すべき事項を以下に記載する。

なお、施工中に工種が変わる際に、労働力や資機材等の確保のために準備期間が必要になるなど、施工中の準備期間に要する時間も必要に応じて考慮して工期を設定する。

Ⅰ　ガイドラインに関係する資料

(i)　基礎工事
○　杭
　・建物構造や土質だけでなく、大型工事機械の搬入出、鉄筋籠の搬入にも工法・工期が影響される
　・ボーリングデータが少ない場合に想定外の支持層の変化により、杭の長さ変更が発生し、材料の納期が間に合わないことが発生
　・想定外の土質・土壌汚染・地下水・地中障害物（設計図や土地調査に記載されていない杭・山留・配管配線等）が発見された場合は、調査・工法検討・見積作成・発注者承認・官庁許可申請等が必要
○　山留
　・建物構造や土質だけでなく、大型工事機械の搬入出、鋼材の搬入にも工法・工期が影響される
　・想定外の土質・土壌汚染・地下水・地中障害物（設計図や土地調査に記載されていない杭・山留・配管配線等）が発見された場合は、調査・工法検討・見積作成・発注者承認・官庁許可申請等が必要
○　根切
　・想定外の土質・土壌汚染・地下水・地中障害物（設計図や土地調査に記載されていない杭・山留・配管配線等）が発見された場合は、調査・工法検討・見積作成・発注者承認・官庁許可申請等が必要
○　切梁・構台
　・建物構造や土質だけでなく、大型工事機械の搬入出、鋼材の搬入にも工法・工期が影響される
○　掘削土の搬出
　・掘削土の運搬先までの往復時間、運搬先での待機時間、運搬先の受入れ可能時間等により、1日当たり搬出できる車両台数が限られる

(ii)　土工事
　　土工事においては特に雨天時の影響が大きく、雨天中の作業中止期間及び、降雨後の対策工に要する時間を適切に見込む必要がある。このほか、以下の事項を考慮して工期を設定する。
○　地山掘削
　・想定外の土質・土壌汚染・地下水・地中障害物（設計図や土地調査に記載されていない杭・山留・配管配線等）が発見された場合は、調査・工法検討・見積作成・発注者承認・官庁許可申請等が必要。特に埋蔵文化財や不発弾が発見された場合は、所轄官庁等による処理が必要であり、大幅に工事が遅延
　・掘削土の運搬先までの往復時間、運搬先での待機時間、運搬先の受入れ可能時間等により、1日当たり搬出できる車両台数が限定
　・掘削土を場外搬出する場合には、一般に掘削土の土質調査等を事前に行い、搬出先の許可が必要
○　盛土工事
　・盛土工事においては、盛土材料の仕様、支給材の有無、1日当たりの供給可能量、配置・調達可能な機械の仕様・台数等により、1日の施工数量に限りがあるので、適切に工程への反

映が必要
・盛土材料の粒度調整に要する時間

(iii) **躯体工事**

○　構法

・構法は、建物用途や規模、構造などから決定されるが、躯体工等の施工要員や製造時期等で判断する場合もあるため、鳶工、鉄筋工、型枠大工等の確保状況、生コンクリートの工場・１日当たりの運搬車両台数等も考慮する

・躯体工不足に伴う鉄骨への変更、鉄骨製作業者の業務状況によりＲＣ造に変更する際に要する時間

○　鉄骨

・鉄骨材の搬入（長さ、運搬車両台数）、鉄骨発注から納入までの期間

○　柱・外壁

・想定外装を海外購買した際、天候による船便の遅れや現地の労務環境の変化による製作期間の遅れが生じる場合がある

○　各部材の継手の仕様

・特に鉄筋の継手に圧接を用いる場合、熟練者の減少により、工程が影響を受ける場合があるので留意が必要

○　コンクリート打設計画における適切な打設ロットの設定

・打設ロットの設定に際しては、近隣の生コンプラントの出荷能力、一日の打設可能時間、施工ヤードの面積・形状等の考慮が必要

○　養生期間

・打設する躯体の形状、部材、時期、天候、気温、養生方法によって適切な養生期間が異なる

○　その他

・屋上工作物の有無、超高層や大空間といった建物の特殊性についても考慮が必要

(iv) **シールド工事**

○　シールドマシンの製作時間

・条件の整理、仕様検討等、製作開始前の事前検討に要する時間

○　先行作業

・セグメントの製作に先立ち、製作図の作成・承認、型枠の設計・製作、工場の承認、仮置場所の整備・確保に要する時間。特に仮置場所については、セグメントの仮置計画に従って地耐力の確認を行い、必要に応じて地盤改良等の対策を行うために要する時間

○　組立

・大口径シールド工事においては、シールド機組立に際して、大型クレーンを長期間確保するために要する時間

(v) **設備工事**

○　階高・天井高さに応じた足場計画
○　総合図をはじめとする他工事との調整・合意期間
○　前工事との関係による設備工事着手可能日
○　受電日以降の設備の総合試運転調整に必要な期間

(vi) **機器製作期間・搬入時期**

　　　・特に大型機器の製作や搬入に要する時間

　　　　（例）発電機のオイルタンクは建設工事の外構工事に組み込まないと工程のしわ寄せにつながる

(vii)　仕上工事

○　外部仕上

　　・接着剤安定のための、いわゆる「平面目あらし」

　　・季節ごとの気象条件を加味する必要

　　・当初設定仕様（色、部材）の未確定又は着手後の変更

○　内部仕上

　　・外部設置器具を除く設備工事（壁内配管、配線等）等の未完全終了

　　・内部であっても季節ごとの気象状況を加味する必要

　　・当初設定仕様（色・部材）等の未決定又は着手後変更

○　部屋数・階数・用途

　　・部屋の間取り、用途の未決定又は変更

　　・内装備品等の未決定

○　検査・内覧会日数

○　階高・天井高さに応じた足場計画

○　荷揚げ設備による制約（クレーン、エレベーター、リフト、構台）やサッシ・建具の取り付けの遅れ

○　制作・準備期間

　　・工場加工生産資材の発注から搬入までの期間

　　・前工程から工事を引き継いだ後、仕上げ各工程に入るまでに、前工程に対する相当の養生期間（施工面の乾燥具合、清掃状況等）が必要

　［タイル・れんが・ブロック工事］

　　・前工程における養生期間（タイル下地面、モルタル張り等）を十分に確保しなければ品質に影響を及ぼすため、前工程から養生期間を含めた工期設定が必要。施工段階においては、季節や工期中の天候によっては接着力や塗料・接着剤等の乾燥に影響を与えるため、施工の中止や、塗料、接着剤等の乾燥に必要な時間が異なる

　［塗装工事］

　　・雨天時の湿度の影響や冬季における塗料の乾燥に要する時間

　［とび・土工工事］

　　・クレーン車等大型車両を遠方から現場に運転する際に要する時間や、建設現場組立解体作業に要する時間

(viii)　前面及び周辺道路条件の影響

　　　現場前面道路及び主要道路から現場までの道路条件（幅員、重量制限、通行方向、通学路、商店街、進入時間制限、通行台数制限）、前面歩道の切り下げ・補強（寒冷地ではロードヒーティング設置で切り下げ条件が異なる）、バス停、街路樹等により、工事の車両進入に制限があると、工事の作業効率が低下するので、事前現地調査、道路管理者・警察との事前協議が必要である。

(ix)　その他

上記(i)〜(viii)以外にも、以下の事項を考慮して工期を設定する。

・全体の工期のしわ寄せが仕上工事や設備工事などの後工程に生じないように、特に民間工事においては、受注者が各工程で適切に進捗管理をする必要がある。また、もの決め（施工図・製作図・仕様の決定）の遅延は、労務及び工場製作の工程管理に多大な影響を及ぼすことがあるので、十分な注意が必要である。なお、工程の遅れが工期全体に影響を与える場合には、その原因を明らかにしつつ、第2章(9)工期変更に基づいて対応が必要

・建設発生土の処理や運搬に要する時間、建設発生土受入地の要件に対する試験を行う期間、及び建設発生土受入地の受入可能時間

・建設副産物の現場内再利用及び減量化に要する時間や、建設廃棄物等の処理等に要する時間

・アスベスト対応（届出・前処理・除去作業・事後処理）に要する時間

・解体工事・改修工事等においては、対象建物が使用されているため事前調査が不十分な場合があり、その追加調査・申請等の期間が必要となる可能性あり

・本工事着手前に要する周辺家屋の事前調査の時間、及び本工事完了後に要する周辺家屋の事後調査の時間

・ケーソン工事における刃口下地耐力試験に要する期間

・ダム工事における試験湛水期間

(3) 後片付け

施工終了後においても、以下に記載する作業が生じることを考慮し、工期を設定する。

(i) 完了検査

【参考】国土交通省発注の土木工事においては、20日間を最低限必要な「後片付け期間」とし、工事規模や地域の状況に応じて期間を設定。

完了検査（自主・消防・官公庁・建築確認審査機関・発注者・当該目的物を利用する者等）に要する時間の確保が必須である。特に、建物の規模や季節（年末年始）により、第三者検査は、相当の期間を見込んでおかなければならない。

(ii) 引き渡し前の後片付け、清掃等の後片付け期間

工事完了後、竣工検査・引き渡し前の後片付け、清掃は、受注者（施工者）の責務で、指摘事項の是正・手直し等も含め相当の期間が必要である。また、施工後の初期点検等に要する時間も考慮する。

(iii) 原形復旧条件

特に施工ヤードに農地や宅地等第三者の所有する土地を借地した場合は、埋戻し・敷均し・復旧に加え、原形復旧までの期間を要する点に考慮する(※)。また、工事施工に支障となる埋設物、架空線の切り回しを行った場合には、復旧が必要となるので、相当期間を考慮するほか、施工に際して既設道路を仮復旧とした場合には、竣工前に本復旧範囲を道路管理者に確認したうえで、本復旧の施工を行う期間を考慮する。

（※）施工と並行して実施する場合もある。

【参考】国土交通省直轄工事における準備・後片付け期間について
準備に要する期間は、主たる工種区分毎に以下に示す準備・後片付け期間を最低限必要な日数とし、工事規模や地域の状況に応じて設定する。（通年維持工事は除く）

工種区分	準備期間		後片付け期間	
	従前の設定	現在の設定 （最低必要日数）	従前の設定	現在の設定 （最低必要日数）
河川工事	30〜40日	40日	15〜30日	20日
河川・道路構造物工事	30〜50日	40日	15〜30日	
海岸工事	30〜40日	40日	15〜30日	
道路改良工事	30〜50日	40日	15〜20日	
共同溝等工事	30〜70日	80日	15〜20日	
トンネル工事	30〜90日	80日	15〜30日	
砂防・地すべり等工事	15〜40日	30日	15〜30日	
鋼橋架設工事	30〜150日	90日	15〜20日	
PC橋工事	30〜90日	70日	15〜20日	
橋梁保全工事	30〜50日	60日	15〜20日	
舗装工事（新設工事）	30〜50日	50日	15〜20日	
舗装工事（修繕工事）	30〜40日	60日	15〜20日	
道路維持工事	30〜50日	50日	15〜20日	
河川維持工事	30〜50日	30日	15〜30日	
電線共同溝工事	30〜50日	90日	15〜20日	

第4章　分野別に考慮すべき事項

　民間発注工事の大きな割合を占める住宅・不動産、鉄道、電力、ガスの4分野については、以下の事項を考慮し、業種に応じた工事特性等を理解のうえ受発注者及び元下間において適切に協議・合意のうえ、適正な工期を設定する。

(1)　住宅・不動産分野

　住宅やオフィスビルなどの不動産開発においては、工事請負契約を締結するに当たって、受注者が、発注者の希望等に配慮しつつ適正な工期を提案し、それを発注者が確認し、双方合意するのが一般的である。

　マンション工事においては就学時期等の居住者の事情、商業施設の工事においてはテナントの意向など、当該目的物を利用する者等の視点が重要であり、それを基に完成時期が設定される。また、再開発工事においては、まちづくりの方針への配慮や関係者との調整が必要となる。各工事においては、その完成時期を見据えて、施工段階における適正な工期が確保できるように、事業計画段階から、契約日・工事着手の目途を設定することが必要である。

　なお、災害や不可抗力等により、引渡日の変更があり得ることを売買・賃貸借契約時に当該目的物を利用する者等に説明する。適正な工期が設定されている中で、災害や不可抗力等により現実に工程の遅延が生じ、建設労働者の違法な長時間労働を前提とする工程を設定しなければ遅れを取り戻すことが不可能な場合には、当該目的物を利用する者等に引渡日の変更について理解を求める。

（ⅰ）　**新築工事**

○　発注者が定める販売時期や供用開始時期

・新築住宅：一般向けの先行販売時期

・建替住宅：居住者の引越し希望時期（仮住まいの発生）

・賃貸物件：新年度前の２月竣工希望が多数

（ⅱ）　**改修工事**

○　施工不可能な日程及び時間帯等の施工条件と作業効率を考慮

（ⅲ）　**再開発事業**

○　保留床の処分時期

○　既存店舗の仮移転等に伴う補償期間

（2）　**鉄道分野**

鉄道工事において、工期の見積り・設定するに当たっては、以下の事項を考慮する。

（ⅰ）　**新線建設や連続立体交差事業等の工事**

○　新線の開業時期、都市計画事業の認可期間

（ⅱ）　**線路や駅等の改良工事**

○　列車の運行時間帯の回避

・線路に近接した工事：列車間合での短時間施工

・軌道や電気等の工事：深夜早朝（最終列車後）での線路閉鎖[※]・き電停止を伴う施工

（※）工事等に伴う列車進入防止のための手続。

○　列車の遅延等に伴う作業中止／中断

○　長大列車間合の設定に伴う鉄道営業への影響（列車の削減等）

○　線路閉鎖区間における軌道や電気等の複数工種の工事の輻輳

○　酷暑期における軌道作業の一部制限

○　駅構内工事における旅客への安全配慮

○　年末年始やゴールデンウィーク、夏休み等、多客期や、ダイヤ改正日等における作業規制

（ⅲ）　**線路や構造物等の保守工事**

○　異常時対応や緊急工事を含めた通年対応（現場閉所の困難性）

○　日々の施工箇所の変動に伴う制約（保守間合の変動、立入や資機材搬入箇所の変動、資機材仮置の困難性等）

○　日々の施工終了後での安全確認と即供用の必要性

○　酷暑期における軌道作業の一部制限（再掲）

○　年末年始やゴールデンウィーク、夏休み等、多客期や、ダイヤ改正日等における作業規制（再掲）

（3）　**電力分野**

発電設備、送電設備において、工期の見積り・設定するに当たっては、以下の事項を考慮する。

（ⅰ）　**発電設備**

発電設備の工事では、電気機械設備の使用開始日（発電開始日）をターゲットとして、以下の事項等を考慮のうえ、土木・建築工事も含めた全体工事の工程を設定する。

○　工事進捗に応じた各設備間の引き渡し時期

○　河川工事においては、非出水期での施工

○　環境面を配慮した施工

(ii)　**送電設備**

　　送電線工事では、新規需要家の供給希望日や発電事業者の連系希望日、並びに既設送電線の停電可能時期などから設備の使用開始日を設定し、以下の事項等を考慮のうえ、全体工事の工程を設定する。

○　現場に応じた物資の輸送計画

○　天候による作業工程の変更要素

○　線路停止作業日程

○　鉄塔／電線での特殊作業員の確保人数

(4)　**ガス分野**

　　ガス製造・供給施設の工事において、工期の見積り・設定するに当たっては、以下の事項を考慮する。

(i)　**新設工事**

○　ガス製造施設

　・機械設備の据付時期を中心とした工程の組み立て

　・冬のガス高需要期間での施工回避

○　ガス供給施設

　・新規需要家のガス供給開始の希望時期

　・上下水、電力、通信など、他企業との管路の地下埋設時期や工程の調整

(ii)　**改修工事**

○　ガス製造施設

　・冬のガス高需要期間での施工回避

　・既存の製造設備等への配管やつなぎ込み

　・LNG 船受入等の基地運用上の制約条件

○　ガス供給施設

　・道路掘削等が必要な場合の道路占用が可能な期間

　・経年導管の中長期的な入替計画

第5章　働き方改革・生産性向上に向けた取組について（別紙参照）

　　建設業の働き方改革や生産性向上を進めるに当たっては、自社の取組のみならず、他社の優良事例を参考にして、様々な創意工夫を行っていくことも必要である。

　　国土交通省では、平成30年度に、業界団体等の協力のもと、住宅・不動産、鉄道、電力、ガスの4分野における、『週休2日達成に向けた取組の好事例集』を作成した。

　　https://www.mlit.go.jp/totikensangyo/const/totikensangyo_const_tk1_000178.html

　　本事例集においては、工事の種類や規模、施工条件、週休2日に向けた取組目標や取組内容（受発注者双方の取組）、取組の利点、留意すべき課題について調査しているほか、令和元年度は上記4分野についての取組を拡充するとともに、工場、病院工事における取組について新たに調査を実施した。

　　働き方改革や生産性向上に向けた取組として、完成済・施工中の4週6〜8休／閉所工事にお

いて、受発注者双方が働き方改革・生産性向上に向けて取り組んでいる、働き方改革に向けた意識改革や事務作業の効率化、工事開始前の事前調整、施工上の工夫、ICT ツールの活用等について、他の工事現場の参考となるものを別紙に優良事例として整理したので、こうした取組を参考にしつつ、適正な工期設定等に向けて様々な取組が行われることが期待される。なお、工事の規模・特性に照らし、必ずしも全ての工事に当てはまる訳ではないことに留意されたい。

第6章　その他

　本基準は建設業法に基づく中央建設業審議会において作成・勧告されるものであり、発注者、受注者、元請負人、下請負人を問わず、本基準を踏まえて適正な工期を設定することで、建設業の担い手が働きやすい環境を作っていくことが重要である。また、締結された請負契約が、本基準等を踏まえて著しく短い工期に該当すると考えられる場合には、許可行政庁は勧告できることとされている。

　新型コロナウイルス感染拡大防止に向け、建設業界においては、建設現場の「三つの密」対策等を徹底して講じていくことが必要であるが、必要な対策によっては工期に影響を与える場合もありうることに留意しなければならない。

　本章では、これらを踏まえ、本基準を運用するうえで考慮すべき事項などをとりまとめている。

(1)　著しく短い工期と疑われる場合の対応

　建設業に係る法令違反行為の疑義情報を受け付ける駆け込みホットラインが各地方整備局等に設置されており、締結された請負契約が、本基準等を踏まえて著しく短い工期に該当すると考えられる場合には、発注者、受注者、元請負人、下請負人問わず、適宜相談することが可能である。

　なお、著しく短い工期による請負契約を締結したと判断された場合には、許可行政庁は、建設業法第19条の6に基づき発注者に対する勧告を行うことができるほか、勧告を受けた発注者がその勧告に従わないときは、その旨を公表することが可能である。

(2)　新型コロナウイルス感染症対策を踏まえた工期等の設定

　令和2年5月、すべての都道府県で緊急事態宣言が解除され、感染拡大の抑止と社会経済活動の維持を両立させる、新たなステージが始まった。他方、緊急事態解除宣言は、一つの通過点であり、今後の感染症拡大防止に向け、建設業界においては、引き続き「三つの密」対策等を徹底して講じていくことが必要である。

　国土交通省では、「三つの密」回避やその影響を緩和するための対策の徹底のため、令和2年5月14日にガイドラインを作成・周知したところであり、建設現場では、朝礼・点呼や現場事務所等における各種の打合せ、更衣室等における着替えや詰め所等での食事・休憩等、現場で多人数が集まる場面や密室・密閉空間における作業等において、他の作業員とできる限り2メートルを目安に一定の距離を保つ、入退場時間をずらす等、「三つの密」の回避や影響緩和に向けた様々な取組や工夫が実践されているところである。

　　(例)・狭い場所や居室の作業では、広さ等に応じて入室人数を制限して実施
　　　　・大部屋の作業においてあらかじめ工程調整等を行ってフロア別に人数を制限
　　　　・十分な広さの作業員宿舎の確保
　　　　・休憩・休息スペースに設置するパーテーション

　こうした施工中の工事における新型コロナ感染症の拡大防止措置等の取組を実践するに当たっては、入室制限に伴う作業効率の低下や、作業員の減少に伴う工期の延長、作業場や事務所の拡張・移転、消毒液の購入、パーテーションの設置等に伴う経費増等が見込まれることから、あらかじめ請負代金の額に必要な経費を盛り込むほか、受発注者間及び元下間において協議を行ったうえで、必要に応じて適切な変更契約を締結することが必要である。特に、「三つの密」回避に向けた取組の中で、前工程で工程遅延が発生し、適正な工期を確保できなくなった場合は、元下間で協議・合意のうえ、必要に応じて工期の延長を実施する。

　また、サプライチェーンの分断等による資機材の納入遅れ、感染者又は感染疑い者の発生等による現場の閉鎖、現場必要人員の不足等により工期の遅れが生じた場合や、新型インフルエンザ等対策特別措置法に基づく緊急事態宣言下において、特定警戒都道府県より労務調達を要する場合は、当該労務者の健康状態にかかる経過観察期間を要するため、受発注者間及び元下間において協議を行ったうえで、必要に応じて適切な工期延長等の対応をすることが必要である。

(3)　基準の見直し

　今後、本基準の運用状況を注視するとともに、本基準の運用状況等を踏まえて必要がある場合は、適宜、見直し等の措置を講ずる。また、今後の長時間労働の是正に向けた取組や、i-Construction[※]などの生産性向上に向けた技術開発、新型コロナウイルス感染症拡大防止に向けた安全衛生の取組などの状況については、本基準の見直しの際に適宜検討し、必要に応じて本基準に盛り込んでいくことが必要である。

　(※)「ICT の全面的な活用（ICT 土工)」等の施策を建設現場に導入することによって、建設生産システム全体の生産性向上を図り、もって魅力ある建設現場を目指す取組

(4)　建設工事の請負契約に関する契約書面の取り交わしを電子的に行う場合の建設業法上の基準について

〇建設工事の請負契約に関する契約書面の取り交わしを電子的に行う場合の基準

（関連条文等）

【法令】

建設業法第19条第３項、建設業法施行令第５条の５、建設業法施行規則第13条の４～６

【通達】

建設業法施行規則第13条の２第２項に規定する「技術的基準」に係るガイドラインについて

※現行の同規則では第13条の４第２項

　契約書面を電子的に交付する場合は、建設業法上、以下の条件を満たす必要があります。

(1)　契約書面の電子的交付方法が次のア又はイのいずれかに該当していること

　ア　建設工事の請負契約の当事者の使用に係る電子計算機と、当該契約の相手方の使用に係る電子計算機とを電気通信回線で接続した電子情報処理組織を使用する措置のうち(ア)又は(イ)に掲げるもの

　　(ア)　建設工事の請負契約の当事者の使用に係る電子計算機（入出力装置を含む。以下同じ。）と当該契約の相手方の使用に係る電子計算機とを接続する電気通信回線を通じて送信し、受信者の使用に係る電子計算機に備えられたファイルに記録する措置

　　(イ)　建設工事の請負契約の当事者の使用に係る電子計算機に備えられたファイルに記録された法第19条第１項に掲げる事項又は請負契約の内容で同項に掲げる事項に該当するものの変更の内容（以下「契約事項等」という。）を電気通信回線を通じて当該契約の相手方の閲覧に供し、当該契約の相手方の使用に係る電子計算機に備えられたファイルに当該契約事項等を記録する措置

　イ　磁気ディスク、シー・ディー・ロムその他これらに準ずる方法により一定の事項を確実に記録しておくことができる物（以下「磁気ディスク等」という。）をもつて調製するファイルに契約事項等を記録したものを交付する措置

(2)　上記(1)の交付方法が次のア及びイの技術的基準に適合していること

　ア　当該契約の相手方がファイルへの記録を出力することによる書面を作成することができるものであること。

　イ　ファイルに記録された契約事項等について、改変が行われていないかどうかを確認することができる措置を講じていること。

(3)　あらかじめ、当該契約の相手方に対し、次のアに掲げる事項を示し、書面又は次のイに掲げる方法による承諾を得ていること。

　ア　契約の相手方に示す必要がある事項（以下の(ア)及び(イ)）

　　(ア)　前条第一項に規定する措置のうち建設工事の請負契約の当事者が講じるもの

　　(イ)　ファイルへの記録の方式

　イ　契約の相手方から電子的に承諾を得るための手法（以下の(ア)又は(イ)）

　　(ア)　建設工事の請負契約の当事者の使用に係る電子計算機と、当該契約の相手方の使用に係る電子計算機とを電気通信回線で接続した電子情報処理組織を使用する方法のうちa又は

　　　bに掲げるもの

　　a　建設工事の請負契約の当事者の使用に係る電子計算機と当該契約の相手方の使用に係る電子計算機とを接続する電気通信回線を通じて送信し、受信者の使用に係る電子計算機に備えられたファイルに記録する方法

　　b　建設工事の請負契約の当事者の使用に係る電子計算機に備えられたファイルに記録された法第19条第3項の承諾に関する事項を電気通信回線を通じて当該契約の相手方の閲覧に供し、当該建設工事の請負契約の当事者の使用に係る電子計算機に備えられたファイルに当該承諾に関する事項を記録する方法

　㈑　磁気ディスク等をもつて調製するファイルに当該承諾に関する事項を記録したものを交付する方法

⑸　建設業法施行規則第13条の２第２項に規定する「技術的基準」に係るガイドラインについて〔平成13年３月30日国総建第86号〕

１．はじめに

　国土交通省では、適切な電子商取引の普及を通じて、建設産業の健全な発達を確保するため、平成12年に成立した書面の交付等に関する情報通信の技術の利用のための関係法律の整備に関する法律（平成12年法律第126号）において、建設業法（昭和24年法律第100号）を改正し、書面の交付、書面による手続等が義務付けられている規定について、一定の技術的要件の下に情報通信技術の利用による代替措置を認めることとしたところである（平成13年４月１日施行）。

　今般、契約当事者間の紛争を防止する等安全な電子商取引を促進する観点から、自己責任の下に情報通信の技術の利用により建設工事の請負契約を締結しようとする者の参考として、同法施行規則（以下「規則」という。）第13条の２第２項（建設業法施行規則等の一部を改正する省令（平成13年国土交通省令第42号）により追加）に規定する「技術的基準」に係るガイドラインを定めることとする。

２．見読性の確保について（規則第13条の２第２項第１号関係）

　情報通信の技術を利用した方法により締結された建設工事の請負契約に係る建設業法第19条第１項に掲げる事項又は請負契約の内容で同項に掲げる事項に該当するものの変更の内容（以下「契約事項等」という。）の電磁的記録そのものは見読不可能であるので、当該記録をディスプレイ、書面等に速やかかつ整然と表示できるようにシステムを整備しておくことが必要である。

　また、電磁的記録の特長を活かし、関連する記録を迅速に取り出せるよう、適切な検索機能を備えておくことが望ましい。

３．原本性の確保について（規則第13条の２第２項第２号関係）

　建設工事の請負契約は、一般的に契約金額が大きく、契約期間も長期にわたる等の特徴があり、契約当事者間の紛争を防止する観点からも、契約事項等を記録した電磁的記録の原本性確保が重要である。このため、情報通信技術を利用した方法を用いて契約を締結する場合には、以下に掲げる措置又はこれと同等の効力を有すると認められる措置を講じることにより、契約事項等の電磁的記録の原本性を確保する必要がある。

⑴　公開鍵暗号方式による電子署名

　情報通信の技術を利用した方法により行われる契約は、当事者が対面して書面により行う契約と比べ、契約事項等が改ざんされてもその痕跡が残らないなどの問題があり、有効な対応策を講じておく必要がある。

　このため、情報通信の技術を利用した方法により契約を締結しようとする場合には、契約事項等を記録した電磁的記録そのものに加え、当該記録を十分な強度を有する暗号技術により暗号化したもの及びこの暗号文を復号するために必要となる公開鍵を添付して相手方に送信する、いわゆる公開鍵暗号方式を採用する必要がある。

⑵　電子的な証明書の添付

　⑴の公開鍵暗号方式を採用した場合、添付された公開鍵が真に契約をしようとしている相手方のものであるのか、他人がその者になりすましていないかという確認を行う必要がある。

　このため、⑴の措置に加え、当該公開鍵が間違いなく送付した者のものであることを示す信頼される第三者機関が発行する電子的な証明書を添付して相手方に送信する必要がある。この

　場合の信頼される第三者機関とは、電子認証事務を取り扱う登記所、電子署名及び認証業務に関する法律（平成12年法律第102号）第４条に規定する特定認証機関等が該当するものと考えられる。

(3)　電磁的記録等の保存

　建設業を営む者が適切な経営を行っていくためには、自ら締結した請負契約の内容を適切に整理・保存して、建設工事の進行管理を行っていくことが重要であり、情報通信の技術を利用した方法により締結された契約であってもその契約事項等の電磁的記録等を適切に保存しておく必要がある。

　その際、保管されている電磁的記録が改ざんされていないことを自ら証明できるシステムを整備しておく必要がある。また、必要に応じて、信頼される第三者機関において当該記録に関する記録を保管し、原本性の証明を受けられるような措置を講じておくことも有効であると考えられる。

(6)　建設産業における生産システム合理化指針について

〔平成3年2月5日　建設省経構発第2号〕

建設省建設経済局長から　建設業者団体の長あて

　建設産業における生産システムの合理化については、従来より建設業法及び関係法令の規定を踏まえ、その推進に努めてきたところであるが、今般、中央建設業審議会の第三次答申（昭和63年5月27日）を受けて、建設生産システムの合理化を一層推進するため、「建設産業における生産システム合理化指針」を別添のように定めたので、本指針の趣旨を御了知の上、貴会さん下の建設業者に対し、本指針の周知徹底を図るとともに、その遵守について適正な指導に努められるようお願いする。

　なお、「元請・下請関係合理化指導要綱」（昭和53年11月30日付け建設省計建発第318号）は廃止する。

〔別添〕

建設産業における生産システム合理化指針

第1　趣旨

　建設産業の生産活動は、総合的管理監督機能（発注者から直接建設工事を請け負って企画力、技術力等総合力を発揮してその管理監督を行う機能）と、直接施工機能（専門的技能を発揮して工事施工を担当する機能）とが、それぞれ相互に組み合わされて行う方式が基本となっている。

　これらの機能を軸とした分業関係を基本とする建設生産システムの下、基幹産業としての活力に溢れた建設産業の実現を図るとともに、発注者の信頼に応えうる適正かつ効率的な建設生産を確保するためには、すべての建設業者が技術と経営に優れた企業への成長を目指しつつ、その分担する分野において、役割に応じた責任を的確に果たすことが不可欠である。

　本指針は、総合的管理監督機能を担う総合工事業者と直接施工機能を担う専門工事業者が、それぞれ対等の協力者として、その負うべき役割と責任を明確にするとともに、それに対応した建設産業における生産システムの在り方を示したものである。これは、建設生産システムの合理化を進める上での行政による指導の指針であり、建設業者の取組の指針となるべきものである。

第2　総合工事業者の役割と責任

　総合工事業者は、総合的管理監督機能を担うとともに、建設工事の発注者に対して契約に基づき、工事完成についてのすべての責任を持つという役割を有している。

　また、総合工事業者が、発注者との間で行う請負価格、工期（工事着手の時期及び工事完成の時期）の決定等は、自らの経営はもとより、専門工事業者の経営の健全化にも大きな影響をもたらすものである。

　このため、次の責任を果たすべきである。

ア　経営計画の策定、財務管理及び原価管理の徹底等的確な経営管理を行いうる能力の向上に努めること。また、常に合理的な請負価格、工期による受注に努めるとともに、専門工事業者への発注に当たっては、請負価格、工期、請負代金支払等の面で、適正な契

　約を締結すること。

　イ　業種・工程間の総合的な施工管理を的確に行うため、技術者に対する研修の充実等により、管理監督機能の向上に努めること。

　　　また、効率的かつ高度な建設生産を確保するため、技術開発の推進、施工の合理化に努めること。

　ウ　優良な専門工事業者の選定を行うため、専門工事業者の施工能力、経営管理能力等を的確に把握し、評価できる体制の確立に努めること。

　エ　優秀な建設労働者を確保するため、労働時間の短縮、休日の確保、労働福祉の充実、安全の確保及び作業環境の整備等に努めること。

第3　専門工事業者の役割と責任

　専門工事業者は、直接施工機能を担っており、建設生産物の品質、原価に対し実質的に大きな影響を与えるものである。

　また、近年においては、建設生産システムにおける専門工事業者の担う役割が増大しており、特に、専門的技術・技能を有する建設労働者を直接に雇用する等の点において、今後の建設産業の発展に大きな役割を有している。

　このため、次の責任を果たすべきである。

　ア　教育訓練等の充実や、技術・技能資格等の取得の奨励等により、施工能力及び経営管理能力を向上させるとともに、常に合理的な契約条件による受注に努め、企業基盤の強化を図ること。

　イ　専門工事業者の役割の高度化という要請に応え、分担する工事分野において、直接施工のみならず施工管理をも自らが行いうる体制の確立に努めるとともに、各々の能力に応じて部分一式等多様な業種・工程を担うことができるよう努めること。

　ウ　優秀な建設労働者を確保するため、直用化の推進等による雇用の安定、月給制の拡大、職能給の導入、労働時間の短縮、休日の確保、労働福祉の充実、安全の確保及び作業環境の整備等に努めること。

第4　適正な契約の締結

　⑴　契約締結の在り方

　　　建設工事の施工における企業間の下請契約の当事者は、契約の締結に当たって、次の事項を遵守するものとする。

　　　また、建設工事の内容や工期・工程において、変更又は追加の必要が生じた場合における契約の締結についてもこれに準ずるものとする。

　　ア　建設工事の開始に先立って、建設工事標準下請契約約款又はこれに準拠した内容を持つ契約書による契約を締結すること。

　　イ　契約の当事者は対等な立場で十分協議の上、施工責任範囲及び施工条件を明確にするとともに、適正な工期及び工程を設定すること。

　　ウ　請負価格は契約内容達成の対価であるとの認識の下に、施工責任範囲、工事の難易度、施工条件等を反映した合理的なものとすること。

　　　　また、消費税相当分を計上すること。

　　エ　請負価格の決定は、見積及び協議を行う等の適正な手順によること。

　　オ　下請契約の締結後、正当な理由がないのに、請負価格を減じないこと。

(2) 代金支払等の適正化

　　下請契約における注文者（以下「注文者」という。）からその契約における受注者（以下「受注者」という。）に対する請負代金の支払時期及び方法等については、建設業法に規定する下請契約に関する事項のほか、次の各号に定める事項を遵守するものとする。

　　なお、資材業者、建設機械又は仮設機材の賃貸業者等についてもこれに準じた配慮をするものとする。

ア　請負代金の支払は、請求書提出締切日から支払日（手形の場合は手形振出日）までの期間をできる限り短くすること。

イ　請負代金の支払は、できる限り現金払とし、現金払と手形払を併用する場合であっても、支払代金に占める現金の比率を高めるとともに、少なくとも労務費相当分については、現金払とすること。

ウ　手形期間は、120日以内で、できる限り短い期間とすること。

エ　前払金の支払を受けたときは、受注者に対して資材の購入、建設労働者の募集その他建設工事の着手に必要な費用を前払金として支払うよう、適切な配慮をすること。特に、公共工事においては、発注者（下請契約における注文者を除く。以下同じ。）からの前金払は現金でなされるので、企業の規模にかかわらず前金払制度の趣旨を踏まえ、受注者に対して相応する額を、速やかに現金で前金払するよう十分配慮すること。

オ　建設工事に必要な資材をその建設工事の注文者自身から購入させる場合は、正当な理由がないのに、その建設工事の請負代金の支払期日前に、資材の代金を支払わせないこと。

第5　適正な施工体制の確立

(1) 施工体制の把握

　　建設業法に基づく適正な施工体制の確保等を図るため、発注者から直接建設工事を請け負った建設業者は、施工体制台帳を整備すること等により、的確に建設工事の施工体制を把握するものとする。

(2) 一括下請の禁止等

ア　一括下請は、中間において不合理な利潤がとられ、これがひいては建設工事の質の低下、受注者の労働条件の悪化を招くおそれがあること、実際の建設工事施工上の責任の所在を不明確にすること、発注者の信頼に反するものであること等種々の弊害を有するので、建設業法において原則として禁止されているところであるが、発注者の承諾が得られる場合においても、極力避けること。

イ　不必要な重層下請は、同様に種々の弊害を有するので行わないこと。

(3) 技術者の適正な配置

ア　工程管理、品質管理、安全管理等に遺漏が生ずることのないよう、適切な資格、技術力等を有する技術者等の適正な配置を図ること。特に、指定建設業監理技術者資格者証に係る建設業法の規定を遵守すること。

イ　建設業者が工事現場ごとに設置しなければならない専任の主任技術者及び監理技術者については、常時継続的に当該工事現場において専らその職務に従事する者で、そ

の建設業者と直接的かつ恒常的な雇用関係にある者とすること。

(4)　適正な評価に基づく受注者の選定

　　注文者は、受注者の選定に当たっては、その建設工事の施工に関し建設業法の規定を満たす者であることはもとより、

ア　施工能力

イ　経営管理能力

ウ　雇用管理及び労働安全衛生管理の状況

エ　労働福祉の状況

オ　関係企業との取引の状況

等を的確に評価し、優良な者を選定するものとする。

　　この場合においては、少なくとも別表1に掲げる事項のすべてが満たされるよう留意するものとする。

第6　建設労働者の雇用条件等の改善

　　建設業者は、建設労働者の雇用・労働条件の改善等を図るため、安定的な雇用関係の確立や建設労働者の収入の安定等を図りつつ、少なくとも別表2に定める事項について措置するものとする。

　　また、発注者から直接建設工事を請け負った建設業者は、建設労働者の雇用の改善等に関する法律及び労働安全衛生法の遵守、労働者災害補償保険法に係る保険料の適正な納付、適正な工程管理の実施等の措置を講じるとともに、その建設工事におけるすべての受注者が別表2に定める事項について措置するよう指導、助言その他の援助を行うものとする。

　　この場合、発注者から直接建設工事を請け負った建設業者以外の注文者は上記の指導、助言その他の援助が的確に行われるよう協力するものとする。

第7　遵守のための体制づくり

(1)　建設業者は、その役職員に対する本指針の周知徹底に努めなければならない。特に、総合工事業者にあっては建設生産システムの合理化を積極的に推進する体制の整備・拡充に努めるとともに、その請け負った建設工事におけるすべての建設業者に対して本指針の第4及び第5の遵守についての指導に努めるものとする。

(2)　建設業者団体においては、会員企業に対する本指針の周知徹底に努めるとともに、本指針の遵守について団体としての取組の体制を確立するものとする。

(3)　本指針に基づき、真に合理的な建設生産システムを確立するためには、総合工事業者と専門工事業者のそれぞれが果たすべき役割と責任についての理解を共有することが不可欠である。このため、建設業者団体が主体となり、総合工事業者、専門工事業者のそれぞれが対等な立場に立って協議を行う場を設け、適正な契約関係の形成のためのルール、建設労働者の雇用・労働条件等の改善及び技術・技能の向上に係る役割分担に関するルール等を確立するものとする。

別表1

(1)　過去における工事成績が優良であること。

(2)　その建設工事を施工するに足りる技術力を有すること。

⑶　その建設工事を施工するに足りる労働力を確保できると認められること。

⑷　その建設工事を施工するに足りる機械器具を確保できると認められること。

⑸　その建設工事を施工するに足りる法定資格者を確保できると認められること。

⑹　財務内容が良好で、経営が不安定であると認められないこと。

⑺　建設事業を行う事業場ごとに雇用管理責任者が任命されているとともに、労働条件が適正であると認められること。

⑻　一の事業場に常時10人以上の建設労働者を使用している者にあっては、就業規則を作成し、労働基準監督署に届け出ていること。

⑼　建設労働者の募集は適法に行うことはもとより、出入国管理及び難民認定法に違反して不法に外国人を就労させるおそれがないと認められること。

⑽　過去において労働災害をしばしば起こしていないこと。

⑾　賃金不払を起こすおそれがないと認められること。

⑿　現に事業の附属寄宿舎に建設労働者が居住している場合においては、寄宿舎規則を作成し、労働基準監督署に届け出ていること。

⒀　取引先企業に対する代金不払を起こすおそれがないと認められること。

別表2

＜雇用・労働条件の改善＞

⑴　建設労働者の雇入れに当たっては、適正な労働条件を設定するとともに、労働条件を明示し、雇用に関する文書の交付を行うこと。

⑵　適正な就業規則の作成に努めること。この場合、一の事業場に常時10人以上の建設労働者を使用する者にあっては、必ず就業規則を作成の上、労働基準監督署に届け出ること。

⑶　賃金は毎月1回以上一定日に通貨でその全額を直接、建設労働者に支払うこと。

⑷　建設労働者名簿及び賃金台帳を適正に調製すること。

⑸　労働時間管理を適正に行うこと。この場合、労働時間の短縮や休日の確保には十分配慮すること。

＜安全・衛生の確保＞

⑹　労働安全衛生法に従う等建設工事を安全に施工すること。特に、新たに雇用した建設労働者、作業内容を変更した建設労働者、危険又は有害な作業を行う建設労働者、新たに職長等建設労働者を直接指揮監督する職務についた者等に対する安全衛生教育を実施すること。

⑺　災害が発生した場合は、当該下請契約における注文者及び発注者から直接建設工事を請け負った建設業者に報告すること。

＜福祉の充実＞

⑻　雇用保険、健康保険及び厚生年金保険に加入し、保険料を適正に納付すること。なお、健康保険又は厚生年金保険の適用を受けない建設労働者に対しても、国民健康保

　険又は国民年金に加入するよう指導に努めること。

(9)　任意の労災補償制度に加入する等労働者災害補償に遺漏のないよう努めること。

(10)　建設業退職金共済組合に加入する等退職金制度を確立するとともに、厚生年金基金の加入にも努めること。なお、厚生年金基金の加入対象とならない建設労働者に対しても、国民年金基金に加入するよう指導に努めること。

(11)　自らが使用するすべての建設労働者に対し、健康診断を行うよう努めること。特に、常時使用する建設労働者に対しては、雇入れ時及び定期の健康診断を必ず行うこと。

＜福利厚生施設の整備＞

(12)　建設労働者のための宿舎を整備するに当たっては、その良好な居住環境の確保に努めること。この場合、労働基準法における寄宿舎に関する規定を遵守すること。

(13)　建設現場における快適な労働環境の実現を図るため、現場福利施設（食堂、休憩室、更衣室、洗面所、浴室及びシャワー室等）の整備に努めること。特に、発注者から直接建設工事を請け負った建設業者は、これに努めること。

＜技術及び技能の向上＞

(14)　建設労働者の能力の開発及び向上のため、技術及び技能の研修・教育訓練に努めること。

＜適正な雇用管理＞

(15)　雇用管理責任者を任命し、その者の雇用管理に関する知識の習得及び向上を図るよう努めること。

(16)　建設労働者の募集は適法に行うこと。

(17)　出入国管理及び難民認定法に違反して不法に外国人を就労させないこと。

＜その他＞

(18)　前各号に定める事項のほか、建設業法施行令第7条の3各号に規定する法令を遵守すること。

2　建設生産システム合理化推進協議会
～建設業者団体の自主的協議機関～

参　　考

〇平成22年度建設生産システム合理化推進協議会申合せ事項の周知について
〔平成22年12月16日国総入企第24号・国総建振第7号〕

国土交通省建設流通政策審議官から　建設業者団体の長あて

　「建設生産システム合理化推進協議会」においては、総合工事業者と専門工事業者が対等の立場に立って、建設生産システムが抱える種々の問題の解決に向けて具体的な基準・ルール等を確立するため、かねてから「総合工事業者・専門工事業者間における契約締結に至るまでの適正な手順等に関する指針」、「総合工事業者・専門工事業者間における条件変更時の適正な手順等について（見積条件と実際の施工条件が異なっていた場合の適正な対応）」のほか、総合工事業者と専門工事業者との間の見積条件の明確化を図る観点から「総合工事業者・専門工事業者間における工事見積条件の明確化について―「施工条件・範囲リスト」（標準モデル）の作成―」について申合せが行われ、同協議会からの要請を受け申合せの周知について特段のご配慮をお願いしてきたところである。

　今般、同協議会において、前記「施工条件・範囲リスト」について、すでに申合せが行われている15工種の標準モデルのうち1工種（金属製建具・カーテンウォール工事）の改訂がなされるとともに、新たに1工種（左官工事）の申合せが行われ、同協議会より関係団体に対する周知について協力依頼があったところである。

　見積協議の際の施工条件を当事者間で明確にすることは、適正な見積りと契約締結には不可欠のものであり、建設生産システムの合理化に向けて大きな意味を持つことから、これらの趣旨を踏まえ、傘下建設業者に対して、同協議会の申合せの周知について、特段のご配慮方お願いする。

建設生産システム合理化推進協議会について

1．目　的

　「建設産業における生産システム合理化指針」に基づき、合理的な建設生産システムの確立を図るためには、同指針の内容を具体化することが不可欠であることに鑑み、総合工事業者、専門工事業者のそれぞれが対等の立場に立って協議し、両者間における具体的な基準・ルールづくり等を推進するため、建設業者団体の自主的協議機関として、建設生産システム合理化推進協議会を設けるものとする。

2．事業内容

　　総合工事業者、専門工事業者の実務者クラスにより建設生産システムに係る諸問題について協議し、その解決方策を検討するものとする。

３．設　立

平成３年８月８日

４．構　成

　　協議会は、総合工事業者、専門工事業者、有識者、行政等による委員で構成し、業界委員は、業種に配慮して選定された団体の代表者（当該団体の担当委員長等）とする。
①建設業者団体　18名
②有識者等　　4名
③国土交通省　　3名

(1)　総合工事業者・専門工事業者間における契約締結に至るまでの適正な手順等に関する指針〔平成5年3月4日〕

建設生産システム合理化推進協議会

　建設産業の生産活動は、設計者、総合工事業者、専門工事業者・資機材業者等が複雑に組み合わされて行われている。建設産業の健全な発展を図り、効率的な建設生産システムを築き上げるためには、関係業者間における合理的な分業関係を確立することが必要である。

　この分業関係のうち、総合工事業者、専門工事業者間の契約関係については、その片務的な実態を是正し、双方が建設生産活動の協力者（パートナー）という対等な立場を確保するとともに、それぞれが自らの役割を深く認識し、確実にその責任を果たすことが必要であり、平成4年3月建設省において策定された「第二次構造改善推進プログラム」においても、契約締結に至るまでの適正な手順の明確化等を図ることが重要な事業の一つとして位置付けられているところである。

　総合工事業者、専門工事業者間の契約締結の実態は、多種多様となっており、本来、書面によるべき重要な情報伝達が口頭で行われている場合が多いこと、工事の着手が契約より先行している場合があること等、総合工事業者、専門工事業者それぞれの立場で多くの問題点を抱えている。また、工事金額の折衝において、見積費目の重要性と双方対等の立場での協議の必要性が指摘されているところである。

　本協議会は、こうした実態を踏まえ、工事の着手前に適正な契約が締結されることを前提に、次のとおり、契約締結に至るまでの適正な手順及び総合工事業者、専門工事業者が契約締結に至るまでの各段階において実施すべき事項を指針として申し合わせるものである。

　また、本協議会構成団体は、傘下会員企業に対し本指針の周知徹底を図り、契約締結に至るまでの手順等の適正化に努めるものとする。

1. 契約締結に至るまでの手順等について

(1)　契約締結に至るまでの手順

　総合工事業者、専門工事業者間における契約締結に至るまでの手順は、次のとおりとする。

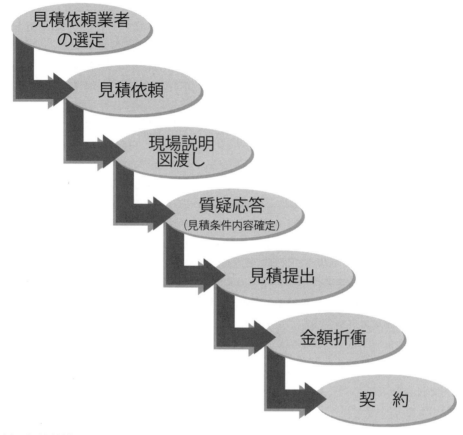

(2)　契約締結に至るまでの手順の実施方法

　契約締結に至るまでの手順である見積依頼、現場説明、質疑応答、見積費目の提示、費用負担の取決めは、書面を用いることとし、必要に応じて口頭による説明を加える等、伝達事項の詳細について、総合工事業者、専門工事業者双方の意思の統一を図る。

(3)　見積依頼時の提示事項

　見積依頼において、総合工事業者は専門工事業者に対し、次の事項を書面にて提示する。

　　① 　工事名称
　　② 　施工場所
　　③ 　工期
　　④ 　担当工事の概要
　　⑤ 　支払条件
　　⑥ 　現場説明・図渡しの日時・場所

　なお、以上の項目のほか、必要に応じてその他の事項を追加提示する。

２．契約締結に至るまでの各段階で実施すべき内容について

⑴　現場説明

　現場説明において、総合工事業者、専門工事業者それぞれが実施すべき内容は、次のとおりとする。

総合工事業者	専門工事業者
●見積条件の明確化（注１） ●見積費目の提示（注２） ●原則として現地にて開催 ●工事に精通した社員の出席 ●工事監督担当者の出席（注３） ●図面から読み取れない特殊事項の説明	●見積条件の確認 ●見積費目の確認 ●業務に精通した社員の出席 ●受領した図面、仕様書等による質疑事項の整理 ●図面と現地との不具合が生じた場合の総合工事業者との詳細図等による確認

（注１）　次に掲げる見積条件を書面により提示し、必要に応じて口頭で説明する。

条　　件	内　　容
１．施工場所	立地条件等
２．工期	全体工程及び当該工事工程等
３．制約条件	作業時間帯制限等
４．特記仕様	工法指定等
５．支給材料	材料支給の有無等
６．無償貸与物	仮設材等の貸与等
７．製品メーカーの指定	使用材料のメーカー指定の有無
８．見積書の提出期限	

　なお、以上の項目のほか、施工計画書の提示等を考慮することが望ましい。

（注２）　見積金額の算出根拠を明確にし、適正な金額折衝を可能とするため、使用する見積費目を書面にて提示するとともに、各費目の具体的内容を双方で確認する。なお、必要に応じて口頭で説明する。

【標準的な見積費目】

直接工事費　＋　共通仮設費　＋　現場管理費　＋　諸　経　費

　　（各費目については、安全に十分配慮するものとする。）

（注３）　必要に応じ、設計者の出席にも配慮する。

(2)　図渡し

図渡しにおいて、総合工事業者、専門工事業者それぞれが実施すべき内容は、次のとおりとする。

総合工事業者	専門工事業者
●正確かつ見積作業に十分な図面、仕様書の提示 ●数量調書の提示 ●業務分担区分を明確にした詳細図、仮設計画図の提示	●見積作業に必要な図面、仕様書の確認 ●受領した図面、仕様書、工程表等による見積範囲の確認

(3)　質疑応答

質疑応答において、総合工事業者、専門工事業者それぞれが実施すべき内容は、次のとおりとする。

総合工事業者	専門工事業者
●担当者の明示 ●職務上権限を有する者の対応 ●迅速かつ正確な対応 ●記録（書面）の保存	●担当者の明示 ●質問内容の明確化 ●迅速な質問 ●記録（書面）の保存

(4)　見積提出

見積提出において、総合工事業者、専門工事業者それぞれが実施すべき内容は、次のとおりとする。

総合工事業者	専門工事業者
●依頼内容、現場説明時の提示条件等が満たされているかの確認 ●安全面が十分配慮されているかの確認 ●欠落部分の明確な指示	●依頼内容、現場説明時の提示条件等を満たしているかの確認 ●安全面を十分配慮しているかの確認 ●欠落部分についての迅速な対応

3．その他

⑴　費用負担の明確化

　仮設の内容、残材処理費の負担、動力用水光熱費の負担、片付け・清掃の分担等については、総合工事業者、専門工事業者双方が書面にて明確にしておく。

⑵　協議の機会

　契約締結に至るまでの各段階において、総合工事業者、専門工事業者双方で協力者（パートナー）として対等な立場を確保しつつ、見積条件や費用負担の取決め及び施工図関係、施工管理業務の各々の役割分担等について協議する機会を持ち、書面等において不明な点を残さぬようにしておく。

⑶　適正な請負契約の締結のための準備

　契約締結の際、契約変更等建設業法第19条第1項に規定されている事項についての対応が的確になされ、建設工事標準下請契約約款等に基づき、適正に請負契約が締結されるよう、事前に十分な協議を行う。

(2)　総合工事業者・専門工事業者間における工事見積条件の明確化について　―「施工条件・範囲リスト」（標準モデル）の作成―

〔平成22年12月16日〕

建設生産システム合理化推進協議会

　建設産業の生産活動における設計者、総合工事業者、専門工事業者、資機材業者等の分業関係のうち、総合工事業者、専門工事業者間の契約関係については、本協議会において、これまで「契約締結に至るまでの適正な手順等に関する指針」（平成5年3月）、「条件変更時の適正な手順に関する指針（見積条件と実際の施工条件が異なっていた場合の適正な対応）」（平成6年3月）についての申合せを行い、その適正化に取り組んできたところである。

　しかしながら、国土交通省が毎年実施している「下請取引等実態調査」によれば、なお一部に下請契約において、十分な見積協議に基づく書面による契約が行われておらず、施工条件が不明確なままに着工されているケースが見られる。また、元請による、いわゆる一方的な「指値」による発注など、下請に対するしわ寄せを生んでいると指摘されている面もある。

　本協議会では、こうした実態を踏まえ、適正な競争条件の整備と励行に向け、契約締結の適正化を促進するための踏み込んだ協議を重ねてきたところである。その結果、工事見積条件の明確化を図ることが重要であり、特に見積時点における価格を決定する事項について書面により明確にするため、標準モデルとして、平成13年度に見積協議の際に活用する「施工条件・範囲リスト」（9工種）を作成し、その後、2工種（圧接工事、鉄骨工事）を追加し、また、平成18年度においては、4工種（機械土工事、建築根切り工事、硝子工事、塗装工事）の追加を行い、併せて15工種の標準モデルを作成するに至っております。

　本協議会は、さらに、今般、1工種の改訂（金属製建具・カーテンウォール）及び1工種の新規追加（左官工事）を実施し、その普及・促進を申し合わせるものである。また、引き続き他工種についてもその作成に努めていくものとする。

　なお、本協議会構成団体は、傘下会員企業に対し、パンフレットの作成・配布や研修の実施等により、この申合せの主旨の周知徹底を図り、契約の適正化に努めるものとする。

(2) 総合工事業者・専門工事業者間における工事見積条件の明確化について　―「施工条件・範囲リスト」
　　（標準モデル）の作成―

「施工条件・範囲リスト」
（標準モデル）の作成について（抜粋）

1. 内容・構成

総合工事業者・専門工事業者間の見積は、見積依頼書と見積書を用いて行う。

見積依頼時において、総合工事業者は専門工事業者に対し、次の①～⑥を提示する。

① 工事場所

② 工事概要

③ 予定工期（全　　　体）　平成　　年　　月　～　平成　　年　　月
　　　　　　　（対象工事）　平成　　年　　月　～　平成　　年　　月

④ 設計図書（仕様書を含む）

⑤ 工法

⑥ 支給品の有無

　さらに加えて、総合工事業者は専門工事業者に対し、

⑦ 上記①～⑥以外の施工条件・範囲

について提示する。この施工条件として提示される項目を標準モデルとして表形式にしたものが、「施工条件・範囲リスト」である。

　その内容としては、材料、取付加工、運搬、足場、墨出し、養生、片付、機器、図面・書類、見本、検査・確認、安全　等の項目で構成される。ただし、空調衛生工事・電気設備工事については、材料、取付加工等の工事に係る項目は、設計図書（仕様書を含む）に明示のため除外する。

2. 使い方

(1) 「施工条件・範囲リスト」（標準モデル）は、見積依頼書と見積書の双方に、設計図書・仕様書等とともに、別紙として添付する。

(2) 見積依頼時に、総合工事業者は、リストの指示欄に、依頼する工事内容に含める場合（条件内）は〇印、含めない場合（条件外）は×印を記入する。

(3) 見積時に、専門工事業者は、指示内容に疑義のある場合には、質疑を行う。
　　専門工事業者は、リストの確認欄に、依頼事項を見積に含める場合（条件内）は〇印、含めない場合（条件外）は×印を記入し、総合工事業者に提出する。

(4) 項目についてその他必要なものがあれば、適宜記入し、使用する。

(5) 施工数量を実数精算とするか否かについては、双方協議・確認を行う。

3. 「施工条件・範囲リスト」の標準モデル

　「施工条件・範囲リスト」の標準モデルとして今回想定した工種は、次のとおりである。

I　ガイドラインに関係する資料

●機械土工事　　　●コンクリート打設工事　　　　　　　　　●塗装工事
●建築根切り工事　●外部足場工事　　　　　　　　　　　　　●左官工事
●型枠大工工事　　●金属製建具・カーテンウォール・シャッ　●空調衛生工事
●鉄骨工事　　　　　ター・オーバーヘッドドア工事　　　　　●電気設備工事
●鉄筋工事　　　　●内装仕上工事
●圧接工事　　　　●防水工事
　　　　　　　　　●硝子工事

(2) 総合工事業者・専門工事業者間における工事見積条件の明確化について —「施工条件・範囲リスト」
（標準モデル）の作成—

「施工条件・範囲リスト」（標準モデル）の使い方（フロー図）

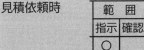
「施工条件・範囲リスト」（標準モデル）

※見積依頼書と見積書の双方に設計図書・仕様書等とともに別紙として添付する

見積依頼時

	範 囲	
	指示	確認
	○	
	×	

リストの指示欄
依頼する工事内容に
・含める場合（条件内）：○印
・含めない場合（条件外）：×印

見積依頼

指示内容に疑義のある
場合には質疑を行う

協 議

質疑応答
（見積条件内容確定）

見積時

	範 囲	
	指示	確認
	○	○
	×	×

リストの確認欄
依頼事項を見積に
・含める場合（条件内）：○印
・含めない場合（条件外）：×印

見積提出

契 約

機械土工事　施工条件・範囲リスト

施工条件提示項目			提示チェック 提示	提示チェック 確認
土質	種類	1．土砂		
		2．軟岩		
		3．硬岩		
		4．転石		
	判定区分	1．土量計算方法		
		2．検収方法（地山・ルーズ・盛土）		
		3．土量換算係数		
		4．土量配分計画		
切土・盛土工事	切盛土工	1．切崩し		
		2．積込み		
		3．場内運搬（距離別）		
		4．場外運搬（距離別）時間制限		
		5．敷均し		
		6．締固め（巻立て厚、転圧機械）		
		7．法面整形（切土部、盛土部）		
		8．基面整形		
	発破工	1．ベンチ発破		
		2．盤打ち発破		
		3．小割り発破		
	無発破工	1．静的破砕工		
		2．転石小割り工		
	付帯工	1．発破振動・騒音測定及び規制		
		2．ダンプ投入台数規制		
		3．ダンプ運搬速度規制		
機械	規制	1．排ガス対策型		
		2．騒音振動対策型		
		3．高さ制限、作業半径規制		
図面・書類		1．施工計画書		
		2．特記仕様書		
		3．平面図		
		4．縦断図		
		5．横断図		
		6．数量表		
品質管理基準		1．乾燥密度規定		
		2．飽和度規定		
		3．強度規定		
その他		1．稼働日（祝日、土休日）		
		2．作業時間（　：　〜　：　）		
		3．工事用電力・給水設備の使用料金		
		4．倉庫・工場等の仮設物		
		5．事務所、宿舎		
		6．貸与機械		

業務分担責任範囲			範囲 指示	範囲 確認
支給材料		1．砕石		
		2．敷鉄板、通路仮設材		
		3．セメント、石灰、地盤改良材		
		4．燃料・油脂		
		5．火薬類・爆薬		
		6．静的破砕剤		
		7．水処理設備		
		8．安全保安設備材料		
仮設工事		1．伐採		
		2．伐開、除根		
		3．伐採、伐開、除根の処理費		
		4．工事用道路		
		5．工事用道路維持・補修		
		6．スパッツ、洗車プール、散水(車)、飛散養生		
		7．水替工		
養生		1．地盤改良後の養生		
		2．降雨降雪の養生		
		3．検査引渡し後の養生		
		4．仮置土の養生		
運搬		1．重機の組立・解体		
		2．重機の回送・運搬		
測量・写真		1．基本測量		
		2．施工測量（トンボ・丁張）		
		3．出来形測量・出来形図		
		4．写真管理（撮影、整理）		
試験・検査		1．モデル施工・地質判定に関する試験（盛土管理基準値の設定）		
		2．自主検査・検査立会		
		3．密度試験・含水比試験・透水試験		
		4．土質試験結果データ整理		
安全		1．交通誘導員		
		2．安全パトロール		
		3．安全看板類の取付、維持		
		4．災害等緊急時の現場巡視		
片付		1．建設廃棄物の場外搬出・処分に係る費用		
		2．梱包材・発生材の場内指定場所への集積・分別		
別途協議・確認事項		1．下請等特定メーカーの有無		
		2．下請等特定施工業者の有無		
		3．災害時（地震、台風、大雨）の補修責任範囲		
		4．貸与機械の修理費		
		5．不具合発生時の責任所在		
		6．埋設物・地中障害物の有無、撤去		

凡例

1．施工条件提示項目は総合工事業者が見積依頼時に提示し、専門工事業者が確認する。
2．業務分担責任範囲の指示欄は総合工事業者、確認欄は専門工事業者が使用する。（○印＝見積に含む・条件内、×印＝見積に含まない・条件外）
3．上記項目以外に必要な項目については、適宜記入し、使用する。
4．特に双方の協議・確認が必要な事項については、別途協議・確認事項欄に項目を記入し、使用する。
5．（　　）内には、具体的な内容を記入し、使用する。

(3)　総合工事業者・専門工事業者間における条件変更時の適正な手順等について（見積条件と実際の施工条件が異なっていた場合の適正な対応）〔平成6年3月3日〕

建設生産システム合理化推進協議会

　建設産業の生産活動は、設計者、総合工事業者、専門工事業者、資機材業者等が各々の有する機能を有効に活用し、かつ、複雑に組み合わされ、一丸となって工事の目的物を創り上げることにある。建設産業の健全な発展を図り、効率的な建設生産システムを築き上げるためには、この関係業者間における合理的な分業関係を確立することが必要である。

　本協議会では、この分業関係のうち、総合工事業者、専門工事業者間の契約関係について、その片務的な実態を是正し、双方が建設生産活動の協力者（パートナー）という対等な立場に立って、それぞれが自らの役割を深く認識し、確実にその責任を果たす必要があるという契約の原点に立ち返り、総合工事業者、専門工事業者間の契約締結の適正化を推進するための方策を検討しているところである。

　昨年度においては、総合工事業者、専門工事業者双方が契約締結に至るまでの各段階において実施すべき事項及びその適正な手順を「総合工事業者・専門工事業者間における契約締結に至るまでの適正な手順等に関する指針」として取りまとめ、業界への周知徹底を図っている。

　今年度においては、この指針の検討過程において是正すべきと指摘されていた、工事の着工から精算に至るまでの適正な契約履行、具体的には“見積条件と実際の施工条件が異なっていた場合の適正な対応”について、その適正化を図るべく検討を行ってきたところである。

　総合工事業者と専門工事業者の間で締結される工事請負契約は、
　・契約内容が明確であること
　・契約当事者双方の対等性が確保されていること
　・契約当事者双方の責任範囲が明確であること
が大原則である。契約締結に至るまでに現場説明や図渡しにおいて提示される各種の見積に必要な条件を総合工事業者、専門工事業者双方が確認を行い、不明な事項がないように十分な協議を行うことは、契約当事者としての当然の責務である。

　契約締結までに提示された各種見積条件等と現地の条件とが異なっている場合の対応については、設計変更等に関する諸規定においてその対応方法が詳細かつ明確に示されているにもかかわらず、
　・対応の全般にわたり、書面を用いずに口頭のみで行っていることが多い
　・特に、総合工事業者から専門工事業者への条件変更時の対応策の指示について、口頭のみで行っていることが多い
　・変更工事による工事請負代金額の変更の取決め及びその精算方法についても、スムーズに実施されていない
等、特に専門工事業者側から総合工事業者側への不満が多く出されている。

　これらの実態を踏まえ、本協議会としては、今一度、業界全体として条件変更時の対応の適正化のため、契約に用いられている「建設工事標準下請契約約款」の「条件変更等」についての規定に着目し、総合工事業者・専門工事業者間における条件変更時の適正な対応手順等を示すこと

により、約款の規定内容の正確な理解を得るとともに、適正な対応手順の遵守を図ることを申し合わせるものである。

　なお、この申合せに当たり、本協議会としては、総合工事業者、専門工事業者間だけでなく、発注者における条件変更時の対応についても、その対応の迅速さと適正化を強く要望するところであるが、その実現のためにも、まずは総合工事業者と専門工事業者間における条件変更時の対応の適正化を推進するとともに、双方が対等の立場に立った強い協力体制を築き、一体となって合理的な建設生産システムの確立に取組むものとする。

見積条件と現地の条件とが違う場合の対応手順

　「建設工事標準下請契約約款（昭和52年：中央建設業審議会）」第18条「条件変更等」に規定されるその対応方法、対応手順及び本協議会において検討された意見等を集約し、次のとおり、『見積条件と現地の条件とが違う場合の対応手順』及び『対応に当たって用いられるべき書面の参考例』を取りまとめた。

　この対応手順及び参考例に提示された主旨としては、
　　①　書面主義の徹底
　　②　契約当事者としての対等性の確保を前提とした協議の場の確保
　　③　正確性、迅速性に基づく積算能力の向上
　　④　原価管理能力の向上
　　⑤　書類の整備の推進
以上の５項目として捉え、総合工事業者、専門工事業者双方は、条件変更時の対応の適正化のために、この主旨を十分認識のうえ、取りまとめた手順等に従って対応に当たるものとする。

(3) 総合工事業者・専門工事業者間における条件変更時の適正な手順等について（見積条件と実際の施工条件が異なっていた場合の適正な対応）

1. 専門工事業者から指摘する場合（フロー図-1）

専門工事業者
①書面にて通知する（※参考例A）

総合工事業者
②現地の確認作業を行う

④変更指示書に基づき変更見積書を作成、提出する

③確認結果を書面にて通知する
対応策必要の場合は、書面にて指示すると同時に変更見積書の提出を指示する （※参考例B）

⑤協　議

変更指示書、変更見積書に基づき協議を行う
工事内容、工期、請負代金額の精算方法を確定し、 書面化する

⑥変更契約書の締結

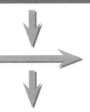

⑦変更指示書・契約内容に基づき施工、完了届を提出する

⑧完了検査を実施する

⑨精算協議

●工事数量の精算増減
●請負代金額の精算増減

出来高調書
作業日報
納品書　等

出来高査定書
数量内訳書
納品書　等

２．総合工事業者から指摘する場合（フロー図−２）

専門工事業者　　　　　　　　　　　総合工事業者

②変更指示書に基づき変更見積書を作成、提出する

①変更工事を書面にて指示する変更見積書の提出を指示する

(※参考例C)

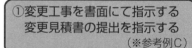

③協　議

変更指示書、変更見積書に基づき協議を行う

工事内容、工期、請負代金額の精算方法を確定し、| 書面化する |

④変更契約書の締結

⑤変更指示書・契約内容に基づき施工、完了届を提出する

⑥完了検査を実施する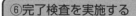

⑦精算協議

●工事数量の精算増減
●請負代金額の精算増減

出来高調書
作業日報
納品書　等

出来高査定書
数量内訳書
納品書　等

(3) 総合工事業者・専門工事業者間における条件変更時の適正な手順等について（見積条件と実際の施工条件が異なっていた場合の適正な対応）

※　対応に当たって用いられるべき書面の参考例

1．専門工事業者から指摘する場合（フロー図－1）

(A)　条件の確認通知　（専門工事業者→総合工事業者）

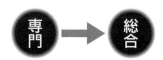

平成〇年〇月〇日

〇〇建設株式会社

　×××工事作業所

　　所長　△　△　△　△　殿

□□建設株式会社

現場代理人　◇　◇　◇　◇　㊞

条件変更の確認通知書

　　下記工事について、貴社より提示された施工条件と現地条件にちがいが生じておりますので、確認願います。

　　なお、条件のちがいを確認の後、変更についての指示を至急願います。

記

×××工事（　例：基礎工事　）

　提示条件 …………（　例：地下埋設物　～　なし　）

　現地条件 …………（　例：　　　　　　～　あり：別紙図面のとおり
　　　　　　　　　　　　　　　　　　　　　ガス管・電話ケーブル　）

以上

⒝　条件変更の確認、指示　　（総合工事業者→専門工事業者）

専門　←　総合

平成○年○月○日

□□建設株式会社

　現場代理人　◇　◇　◇　◇　殿

○○建設株式会社

×××工事作業所

所長　△　△　△　△　㊞

条件変更の確認書及び変更指示書

　貴社より通知のありました件につきまして、条件のちがいを確認致しましたので、下記のとおり、変更工事の指示を致します。

　なお、変更工事についての見積書を至急提出願います。

　また、変更契約のための協議を○月○日○時より○○にて行います。

記

××××工事（　　例：基礎工事　　）

　変更条件 …………　⎡　例：地下埋設物盛替工事

　　　　　　　　　　　⎣　　　　ガス管・電話ケーブル　⎦

以上

(3) 総合工事業者・専門工事業者間における条件変更時の適正な手順等について（見積条件と実際の施工
条件が異なっていた場合の適正な対応）

2．総合工事業者から指摘する場合（フロー図－2）
　　(C)　条件変更の指示　（総合工事業者→専門工事業者）

平成〇年〇月〇日

□□建設株式会社

　現場代理人　◇　◇　◇　◇　殿

〇〇建設株式会社

××××工事作業所

所長　△　△　△　△　㊞

条件変更による変更指示書

　下記工事について、条件変更により変更工事の指示を致します。

　なお、変更工事についての見積書を至急提出願います。

　また、変更契約のための協議を〇月〇日〇時より〇〇にて行います。

記

××××工事（　例：士工事　）

　　当初条件 …………（　例：機械掘削工　）

　　変更工事 …………⎰　例：人力掘削工

　　　　　　　　　　　　　　別紙図面のとおり⎱

以上

3　建設工事に係る資材の再資源化等に関する法律関係

●建設工事に係る資材の再資源化等に関する法律（抄）

〔平成12年 5 月31日法律第104号〕

最終改正　令和 4 年 6 月16日法律第68号

（対象建設工事の請負契約に係る書面の記載事項）

第13条　対象建設工事の請負契約（当該対象建設工事の全部又は一部について下請契約が締結されている場合における各下請契約を含む。以下この条において同じ。）の当事者は、建設業法（昭和24年法律第100号）第19条第 1 項に定めるもののほか、分別解体等の方法、解体工事に要する費用その他の主務省令で定める事項を書面に記載し、署名又は記名押印をして相互に交付しなければならない。

2　対象建設工事の請負契約の当事者は、請負契約の内容で前項に規定する事項に該当するものを変更するときは、その変更の内容を書面に記載し、署名又は記名押印をして相互に交付しなければならない。

3　対象建設工事の請負契約の当事者は、前 2 項の規定による措置に代えて、政令で定めるところにより、当該契約の相手方の承諾を得て、電子情報処理組織を使用する方法その他の情報通信の技術を利用する方法であって、当該各項の規定による措置に準ずるものとして主務省令で定めるものを講ずることができる。この場合において、当該主務省令で定める措置を講じた者は、当該各項の規定による措置を講じたものとみなす。

（分別解体等実施義務）

第9条　特定建設資材を用いた建築物等に係る解体工事又はその施工に特定建設資材を使用する新築工事等であって、その規模が第 3 項又は第 4 項の建設工事の規模に関する基準以上のもの（以下「対象建設工事」という。）の受注者（当該対象建設工事の全部又は一部について下請契約が締結されている場合における各下請負人を含む。以下「対象建設工事受注者」という。）又はこれを請負契約によらないで自ら施工する者（以下単に「自主施工者」という。）は、正当な理由がある場合を除き、分別解体等をしなければならない。

2　前項の分別解体等は、特定建設資材廃棄物をその種類ごとに分別することを確保するための適切な施工方法に関する基準として主務省令で定める基準に従い、行わなければならない。

3　建設工事の規模に関する基準は、政令で定める。

4　都道府県は、当該都道府県の区域のうちに、特定建設資材廃棄物の再資源化等をするための施設及び廃棄物の最終処分場における処理量の見込みその他の事情から判断して前項の基準によっては当該区域において生じる特定建設資材廃棄物をその再資源化等により減量することが十分でないと認められる区域があるときは、当該区域について、条例で、同項の基準に代えて適用すべき建設工事の規模に関する基準を定めることができる。

「建設工事に係る資材の再資源化等に関する法律施行令」

（平成12年11月29日政令第495号）

（建設工事の規模に関する基準）

第2条　法第 9 条第 3 項の建設工事の規模に関する基準は、次に掲げるとおりとする。

　一　建築物（建築基準法（昭和25年法律第201号）第2条第1号に規定する建築物をいう。以下同じ。）に係る解体工事については、当該建築物（当該解体工事に係る部分に限る。）の床面積の合計が80平方メートルであるもの

　二　建築物に係る新築又は増築の工事については、当該建築物（増築の工事にあっては、当該工事に係る部分に限る。）の床面積の合計が500平方メートルであるもの

　三　建築物に係る新築工事等（法第2条第3項第2号に規定する新築工事等をいう。以下同じ。）であって前号に規定する新築又は増築の工事に該当しないものについては、その請負代金の額（法第9条第1項に規定する自主施工者が施工するものについては、これを請負人に施工させることとした場合における適正な請負代金相当額。次号において同じ。）が1億円であるもの

　四　建築物以外のものに係る解体工事又は新築工事等については、その請負代金の額が500万円であるもの

2　解体工事又は新築工事等を同一の者が二以上の契約に分割して請け負う場合においては、これを一の契約で請け負ったものとみなして、前項に規定する基準を適用する。ただし、正当な理由に基づいて契約を分割したときは、この限りでない。

「特定建設資材に係る分別解体等に関する省令」

（平成14年3月5日国土交通省令第17号）

　（対象建設工事の請負契約に係る書面の記載事項）

第4条　法第13条第1項の主務省令で定める事項は、次のとおりとする。

　一　分別解体等の方法

　二　解体工事に要する費用

　三　再資源化等をするための施設の名称及び所在地

　四　再資源化等に要する費用

4　独占禁止法関係

(1)　私的独占の禁止及び公正取引の確保に関する法律（抄）
〔昭和22年4月14日法律第54号〕

最終改正　令和4年6月17日法律第68号

第5章　不公正な取引方法
第19条　事業者は、不公正な取引方法を用いてはならない。

(2)　建設業の下請取引に関する不公正な取引方法の認定基準
〔昭和47年4月1日公正取引委員会事務局長通達第4号〕

（改正　平成13年1月4日公正取引委員会事務総長通達第3号）

　今般、別記のとおり「建設業の下請取引に関する不公正な取引方法の認定基準」を定めたので、今後、建設業における下請代金の支払遅延等に対する独占禁止法の適用については、この認定基準により処理されたい。

　なお、この認定基準の運用にあたつては、別紙の諸点に留意されたい。

記
建設業の下請取引に関する不公正な取引方法の認定基準

　建設業の下請取引において、元請負人が行なう次に掲げる行為は不公正な取引方法に該当するものとして取扱うものとする。

1　下請負人からその請け負つた建設工事が完了した旨の通知を受けたときに、正当な理由がないのに、当該通知を受けた日から起算して20日以内に、その完成を確認するための検査を完了しないこと。

2　前記1の検査によつて建設工事の完成を確認した後、下請負人が申し出た場合に、下請契約において定められた工事完成の時期から20日を経過した日以前の一定の日に引渡しを受ける旨の特約がなされているときを除き、正当な理由がないのに、直ちに、当該建設工事の目的物の引渡しを受けないこと。

3　請負代金の出来形部分に対する支払又は工事完成後における支払を受けたときに、当該支払の対象となつた建設工事を施工した下請負人に対して、当該元請負人が支払を受けた金額の出来形に対する割合及び当該下請負人が施工した出来形部分に相応する下請代金を、正当な理由がないのに、当該支払を受けた日から起算して1月以内に支払わないこと。

4　特定建設業者が注文者となつた下請契約（下請契約における請負人が特定建設業者又は資本金額が1千万円以上の法人であるものを除く。後記5においても同じ。）における下請代金を、正当な理由がないのに、前記2の申し出の日（特約がなされている場合は、その一定の日。）から起算して50日以内に支払わないこと。

5　特定建設業者が注文者となつた下請契約に係る下請代金の支払につき、前記2の申し出の日から起算して50日以内に、一般の金融機関（預金又は貯金の受入れ及び資金の融通を業とするものをいう。）による割引を受けることが困難であると認められる手形を交付することによつて、下請負人の利益を不当に害すること。

6　自己の取引上の地位を不当に利用して、注文した建設工事を施工するために通常必要と認められる原価に満たない金額を請負代金の額とする下請契約を締結すること。

7　下請契約の締結後、正当な理由がないのに、下請代金の額を減ずること。

8　下請契約の締結後、自己の取引上の地位を不当に利用して、注文した建設工事に使用する資材若しくは機械器具又はこれらの購入先を指定し、これらを下請負人に購入させることによつて、その利益を害すること。

9　注文した建設工事に必要な資材を自己から購入させた場合に、正当な理由がないのに、当該資材を用いる建設工事に対する下請代金の支払期日より早い時期に、支払うべき下請代金の額から当該資材の対価の全部若しくは一部を控除し、又は当該資材の対価の全部若しくは一部を支払わせることによつて、下請負人の利益を不当に害すること。

10　元請負人が前記1から9までに掲げる行為をしている場合又は行為をした場合に、下請負人がその事実を公正取引委員会、国土交通大臣、中小企業庁長官又は都道府県知事に知らせたことを理由として、下請負人に対し、取引の量を減じ、取引を停止し、その他不利益な取扱いをすること。

〔備考〕　この認定基準において使用する用語の意義については、次のとおりとする。

1　「建設工事」とは、土木建築に関する工事で建設業法（昭和24年法律第100号）第2条第1項別表の上欄に掲げるものをいう。

2　「建設業」とは、元請、下請その他いかなる名義をもつてするかを問わず、建設工事の完成を請け負う営業をいう。

3　「下請契約」とは、建設工事を他の者から請け負つた建設業を営む者と他の建設業を営む者との間で当該建設工事の全部又は一部について締結させる請負契約をいう。

4　「元請負人」とは、下請契約における注文者である建設業者であつて、その取引上の地位が下請負人に対して優越しているものをいう。

5　「下請負人」とは、下請契約における請負人をいう。

6　「特定建設業者」とは、建設業法第3条第1項第2号に該当するものであつて、同項に規定する許可を受けた者をいう。

〔別　紙〕

1　検査期間について

これは、工事完成後、元請負人が検査を遅延することは、下請負人に必要以上に管理責任を負わせることになるばかりでなく、下請代金の支払遅延の原因ともなるので、工事完成の通知を受けた日から起算して20日以内に確認検査を完了しなければならないこととしたものである。ただし、20日以内に確認検査ができない正当な理由がある場合には適用されない。

例えば、風水害等不可抗力により検査が遅延する場合、あるいは、下請契約の当事者以外の第三者の検査を要するため、やむを得ず遅延することが明らかに認められる場合等は正当な理由があるといえよう。

2　工事目的物の引取りについて

これは、確認検査後、下請負人から工事目的物の引渡しを申し出たにもかかわらず、元請負人が引渡しを受けないことは、下請負人に検査後もさらに管理責任を負わせることとなるので、特約がない限り、直ちに引渡しを受けなければならないこととしたものである。ただし、引渡しを受けられない正当な理由がある場合には適用されない。

　例えば、検査完了から引渡し申し出の間において、下請負人の責に帰すべき破損、汚損等が発生し、引渡しを受けられないことが明らかに認められる場合等は正当な理由があるといえよう。

3　注文者から支払を受けた場合の下請代金の支払について

　これは、元請負人が注文者から請負代金の一部または全部を出来形払または竣工払として支払を受けたときは、下請負人に対し、支払を受けた出来形に対する割合および下請負人が施行した出来形部分に応じて、支払を受けた日から起算して1月以内に下請代金を支払わなければならないこととしたものである（元請負人が前払金の支払を受けたときは、その限度において当該前払金が各月の当該工事の出来形部分に対する支払に順次充てられるものとみなす。）ただし、1月以内に支払うことができない正当な理由がある場合には適用されない。

　例えば、不測の事態が発生したため、支払が遅延することに真にやむを得ないと明らかに認められる理由がある場合等は正当な理由があるといえよう。

　なお、認定基準3の下請負人に対する下請代金の「支払」とは、現金またはこれに準ずる確実な支払手段で支払うことをいう。したがつて、元請負人が手形で支払う場合は、注文者から支払を受けた日から起算して1月以内に、一般の金融機関（預金又は貯金の受入れ及び資金の融通を業とするものをいう。）で割引を受けることができると認められる手形でなければならない。

　また、元請負人が請負代金を一般の金融機関で割引を受けることが困難な手形で受けとつた場合は、その手形が一般の金融機関で割引を受けることができると認められるものとなつたときに支払を受けたものとみなす。

4　特定建設業者の下請代金の支払について

　これは、特定建設業者が元請負人となつた場合の下請負人に対する下請代金は、下請負人から工事目的物の引渡し申し出のあつた日から起算して50日以内に支払わなければならないこととしたものである。ただし、50日以内に支払うことができない正当な理由がある場合には適用されない。

　例えば、不測の事態が発生したため、支払が遅延することに真にやむを得ないと明らかに認められる理由がある場合等は正当な理由があるといえよう。

　なお、認定基準3との関係は、下請負人に対する下請代金の支払期限が、認定基準3による場合と認定基準4による場合といずれが早く到達するかによつて決まるのであり、認定基準3による方が早くなつた場合には認定基準4は適用されないこととなる。

5　交付手形の制限について

　これは、特定建設業者が元請負人となつた場合の下請代金の支払につき、手形を交付するときは、その手形は現金による支払と同等の効果を期待できるもの、すなわち、下請負人が工事目的物の引渡しを申し出た日から50日以内に一般の金融機関で割引を受けることができると認められる手形でなければならないこととしたものである。

　割引を受けられるか否かは、振出人の信用、割引依頼人の信用、手形期間、割引依頼人の割引枠等により判断することとなろう。

6　不当に低い請負代金について

　これは、元請負人が取引上の地位を不当に利用して、通常必要と認められる原価に満たない金額を請負代金の額とする下請契約を締結してはならないこととしたものである。

　認定基準6でいう原価は、直接工事費のほか、間接工事費、現場経費および一般管理費は含むが、利益は含まない。

7　不当減額について

　これは、元請負人は下請契約において下請代金を決定した後に、その代金の額を減じてはならないこととしたものである。これには、下請契約の締結後、元請負人が原価の上昇をともなうような工事内容の変更をしたのに、それに見合つた下請代金の増額をしない等実質的に下請代金の額を減じることとなる場合も含まれる。ただし、下請代金の額を減ずることに正当な理由がある場合には適用されない。

　例えば、工事目的物の引渡しを受けた後に、瑕疵が判明し、その瑕疵が下請負人の責に帰すべきものであることが明らかに認められる場合等は正当な理由があるといえよう。

8　購入強制について

　これは、元請負人が取引上の地位を不当に利用して、資材、機械器具またはこれらの購入先を指定し、購入させてはならないこととしたものである。

　例えば、契約内容からみて、一定の品質の資材を当然必要とするのに、下請負人がこれより劣つた品質の資材を使用しようとしていることが明らかになつたとき、元請負人が一定の品質の資材を指定し、購入させることがやむを得ないと認められる場合等は不当とはいえないであろう。

9　早期決済について

　これは、元請負人が工事用資材を有償支給した場合に、当該資材の対価を、当該資材を用いる建設工事の下請代金の支払期日より以前に、支払うべき下請代金の額から控除し、または支払わせることは、下請負人の資金繰りないし経営を不当に圧迫するおそれがあるので、当該資材の対価は、当該資材を用いる建設工事の下請代金の支払期日でなければ、支払うべき下請代金の額から控除し、または支払わせてはならないこととしたものである。ただし、早期決済することに正当な理由がある場合には適用されない。

　例えば、下請負人が有償支給された資材を他の工事に使用したり、あるいは、転売してしまつた場合等は正当な理由があるといえよう。

10　報復措置について

　これは、取引上の地位が元請負人に対して劣つている下請負人が、元請負人の報復措置を恐れて申告できないこととなる事態も考えられるので、元請負人が認定基準に該当する行為をした場合に、下請負人がその事実を公正取引委員会、国土交通大臣、中小企業庁長官または都道府県知事に知らせたことを理由として、下請負人に対し取引停止等の不利益な取扱いをしてはならないこととしたものである。

編者注：建設業法施行令の一部を改正する政令（平成6年12月14日政令第391号）他による改正
　　　　により、1,000万円は4,000万円と読み替えること。

5　労働基準法関係

●労働基準法（抄）

〔昭和22年4月7日法律第49号〕

最終改正　令和4年6月17日法律第68号

第36条　使用者は、当該事業場に、労働者の過半数で組織する労働組合がある場合においてはその労働組合、労働者の過半数で組織する労働組合がない場合においては労働者の過半数を代表する者との書面による協定をし、厚生労働省令で定めるところによりこれを行政官庁に届け出た場合においては、第32条から第32条の5まで若しくは第40条の労働時間（以下この条において「労働時間」という。）又は前条の休日（以下この条において「休日」という。）に関する規定にかかわらず、その協定で定めるところによつて労働時間を延長し、又は休日に労働させることができる。

2　前項の協定においては、次に掲げる事項を定めるものとする。

　一　この条の規定により労働時間を延長し、又は休日に労働させることができることとされる労働者の範囲

　二　対象期間（この条の規定により労働時間を延長し、又は休日に労働させることができる期間をいい、1年間に限るものとする。第4号及び第6項第3号において同じ。）

　三　労働時間を延長し、又は休日に労働させることができる場合

　四　対象期間における1日、1箇月及び1年のそれぞれの期間について労働時間を延長して労働させることができる時間又は労働させることができる休日の日数

　五　労働時間の延長及び休日の労働を適正なものとするために必要な事項として厚生労働省令で定める事項

3　前項第4号の労働時間を延長して労働させることができる時間は、当該事業場の業務量、時間外労働の動向その他の事情を考慮して通常予見される時間外労働の範囲内において、限度時間を超えない時間に限る。

4　前項の限度時間は、1箇月について45時間及び1年について360時間（第32条の4第1項第2号の対象期間として3箇月を超える期間を定めて同条の規定により労働させる場合にあつては、1箇月について42時間及び1年について320時間）とする。

5　第1項の協定においては、第2項各号に掲げるもののほか、当該事業場における通常予見することのできない業務量の大幅な増加等に伴い臨時的に第3項の限度時間を超えて労働させる必要がある場合において、1箇月について労働時間を延長して労働させ、及び休日において労働させることができる時間（第2項第4号に関して協定した時間を含め100時間未満の範囲内に限る。）並びに1年について労働時間を延長して労働させることができる時間（同号に関して協定した時間を含め720時間を超えない範囲内に限る。）を定めることができる。この場合において、第1項の協定に、併せて第2項第2号の対象期間において労働時間を延長して労働させる時間が一箇月について45時間（第32条の4第1項第2号の対象期間として3箇月を超える期間を定めて同条の規定により労働させる場合にあつては、1箇月について42時間）を超えることができる月数（1年について6箇月以内に限る。）を定めなければならない。

6　使用者は、第1項の協定で定めるところによつて労働時間を延長して労働させ、又は休日に

おいて労働させる場合であつても、次の各号に掲げる時間について、当該各号に定める要件を満たすものとしなければならない。

一　（略）

二　1箇月について労働時間を延長して労働させ、及び休日において労働させた時間　100時間未満であること。

三　対象期間の初日から1箇月ごとに区分した各期間に当該各期間の直前の1箇月、2箇月、3箇月、4箇月及び5箇月の期間を加えたそれぞれの期間における労働時間を延長して労働させ、及び休日において労働させた時間の1箇月当たりの平均時間　80時間を超えないこと。

第139条　工作物の建設の事業（災害時における復旧及び復興の事業に限る。）その他これに関連する事業として厚生労働省令で定める事業に関する第36条の規定の適用については、当分の間、同条第5項中「時間（第2項第4号に関して協定した時間を含め100時間未満の範囲内に限る。）」とあるのは「時間」と、「同号」とあるのは「第2項第4号」とし、同条第6項（第2号及び第3号に係る部分に限る。）の規定は適用しない。

2　前項の規定にかかわらず、工作物の建設の事業その他これに関連する事業として厚生労働省令で定める事業については、令和6年3月31日（同日及びその翌日を含む期間を定めている第36条第1項の協定に関しては、当該協定に定める期間の初日から起算して1年を経過する日）までの間、同条第2項第4号中「1箇月及び」とあるのは、「1日を超え3箇月以内の範囲で前項の協定をする使用者及び労働組合若しくは労働者の過半数を代表する者が定める期間並びに」とし、同条第3項から第5項まで及び第6項（第2号及び第3号に係る部分に限る。）の規定は適用しない。

別表第1　（第33条、第40条、第41条、第56条、第61条関係）

1・2　（略）

3　土木、建築その他工作物の建設、改造、保存、修理、変更、破壊、解体又はその準備の事業

4～15　（略）

「労働基準法施行規則」
〔昭和22年8月30日厚生省令第23号〕

最終改正　令和元年12月13日厚生労働省令第80号

第69条　法第139条第1項及び第2項の厚生労働省令で定める事業は、次に掲げるものとする。

一　法別表第1第3号に掲げる事業

二　事業場の所属する企業の主たる事業が法別表第1第3号に掲げる事業である事業場における事業

6　労働安全衛生法関係

(1)　労働安全衛生法（抄）

〔昭和47年6月8日法律第57号〕

最終改正　令和4年6月17日法律第68号

（事業者の講ずべき措置等）

第20条　事業者は、次の危険を防止するため必要な措置を講じなければならない。

一　機械、器具その他の設備（以下「機械等」という。）による危険

二　爆発性の物、発火性の物、引火性の物等による危険

三　電気、熱その他のエネルギーによる危険

第21条　事業者は、掘削、採石、荷役、伐木等の業務における作業方法から生ずる危険を防止するため必要な措置を講じなければならない。

2　事業者は、労働者が墜落するおそれのある場所、土砂等が崩壊するおそれのある場所等に係る危険を防止するため必要な措置を講じなければならない。

第22条　事業者は、次の健康障害を防止するため必要な措置を講じなければならない。

一　原材料、ガス、蒸気、粉じん、酸素欠乏空気、病原体等による健康障害

二　放射線、高温、低温、超音波、騒音、振動、異常気圧等による健康障害

三　計器監視、精密工作等の作業による健康障害

四　排気、排液又は残さい物による健康障害

第23条　事業者は、労働者を就業させる建設物その他の作業場について、通路、床面、階段等の保全並びに換気、採光、照明、保温、防湿、休養、避難及び清潔に必要な措置その他労働者の健康、風紀及び生命の保持のため必要な措置を講じなければならない。

第24条　事業者は、労働者の作業行動から生ずる労働災害を防止するため必要な措置を講じなければならない。

第25条　事業者は、労働災害発生の急迫した危険があるときは、直ちに作業を中止し、労働者を作業場から退避させる等必要な措置を講じなければならない。

第25条の2　建設業その他政令で定める業種に属する事業の仕事で、政令で定めるものを行う事業者は、爆発、火災等が生じたことに伴い労働者の救護に関する措置がとられる場合における労働災害の発生を防止するため、次の措置を講じなければならない。

一　労働者の救護に関し必要な機械等の備付け及び管理を行うこと。

二　労働者の救護に関し必要な事項についての訓練を行うこと。

三　前二号に掲げるもののほか、爆発、火災等に備えて、労働者の救護に関し必要な事項を行うこと。

2　前項に規定する事業者は、厚生労働省令で定める資格を有する者のうちから、厚生労働省令で定めるところにより、同項各号の措置のうち技術的事項を管理する者を選任し、その者に当該技術的事項を管理させなければならない。

（事業者の行うべき調査等）

第28条の2　事業者は、厚生労働省令で定めるところにより、建設物、設備、原材料、ガス、蒸気、粉じん等による、又は作業行動その他業務に起因する危険性又は有害性等（第57条第1項

の政令で定める物及び第57条の2第1項に規定する通知対象物による危険性又は有害性等を除く。）を調査し、その結果に基づいて、この法律又はこれに基づく命令の規定による措置を講ずるほか、労働者の危険又は健康障害を防止するため必要な措置を講ずるように努めなければならない。ただし、当該調査のうち、化学物質、化学物質を含有する製剤その他の物で労働者の危険又は健康障害を生ずるおそれのあるものに係るもの以外のものについては、製造業その他厚生労働省令で定める業種に属する事業者に限る。

2　厚生労働大臣は、前条第1項及び第3項に定めるもののほか、前項の措置に関して、その適切かつ有効な実施を図るため必要な指針を公表するものとする。

3　厚生労働大臣は、前項の指針に従い、事業者又はその団体に対し、必要な指導、援助等を行うことができる。

（元方事業者の講ずべき措置等）

第29条　元方事業者は、関係請負人及び関係請負人の労働者が、当該仕事に関し、この法律又はこれに基づく命令の規定に違反しないよう必要な指導を行なわなければならない。

2　元方事業者は、関係請負人又は関係請負人の労働者が、当該仕事に関し、この法律又はこれに基づく命令の規定に違反していると認めるときは、是正のため必要な指示を行なわなければならない。

3　前項の指示を受けた関係請負人又はその労働者は、当該指示に従わなければならない。

第29条の2　建設業に属する事業の元方事業者は、土砂等が崩壊するおそれのある場所、機械等が転倒するおそれのある場所その他の厚生労働省令で定める場所において関係請負人の労働者が当該事業の仕事の作業を行うときは、当該関係請負人が講ずべき当該場所に係る危険を防止するための措置が適正に講ぜられるように、技術上の指導その他の必要な措置を講じなければならない。

（特定元方事業者等の講ずべき措置）

第30条　特定元方事業者は、その労働者及び関係請負人の労働者の作業が同一の場所において行われることによつて生ずる労働災害を防止するため、次の事項に関する必要な措置を講じなければならない。

一　協議組織の設置及び運営を行うこと。

二　作業間の連絡及び調整を行うこと。

三　作業場所を巡視すること。

四　関係請負人が行う労働者の安全又は衛生のための教育に対する指導及び援助を行うこと。

五　仕事を行う場所が仕事ごとに異なることを常態とする業種で、厚生労働省令で定めるものに属する事業を行う特定元方事業者にあつては、仕事の工程に関する計画及び作業場所における機械、設備等の配置に関する計画を作成するとともに、当該機械、設備等を使用する作業に関し関係請負人がこの法律又はこれに基づく命令の規定に基づき講ずべき措置についての指導を行うこと。

六　前各号に掲げるもののほか、当該労働災害を防止するため必要な事項

第30条の3　第25条の2第1項に規定する仕事が数次の請負契約によつて行われる場合（第4項の場合を除く。）においては、元方事業者は、当該場所において当該仕事の作業に従事するすべての労働者に関し、同条第1項各号の措置を講じなければならない。この場合においては、当該元方事業者及び当該元方事業者以外の事業者については、同項の規定は、適用しない。

I ガイドラインに関係する資料

（注文者の講ずべき措置）

第31条 特定事業の仕事を自ら行う注文者は、建設物、設備又は原材料（以下「建設物等」という。）を、当該仕事を行う場所においてその請負人（当該仕事が数次の請負契約によつて行われるときは、当該請負人の請負契約の後次のすべての請負契約の当事者である請負人を含む。第31条の４において同じ。）の労働者に使用させるときは、当該建設物等について、当該労働者の労働災害を防止するため必要な措置を講じなければならない。

２ 前項の規定は、当該事業の仕事が数次の請負契約によつて行なわれることにより同一の建設物等について同項の措置を講ずべき注文者が二以上あることとなるときは、後次の請負契約の当事者である注文者については、適用しない。

第31条の３ 建設業に属する事業の仕事を行う二以上の事業者の労働者が一の場所において機械で厚生労働省令で定めるものに係る作業（以下この条において「特定作業」という。）を行う場合において、特定作業に係る仕事を自ら行う発注者又は当該仕事の全部を請け負つた者で、当該場所において当該仕事の一部を請け負わせているものは、厚生労働省令で定めるところにより、当該場所において特定作業に従事するすべての労働者の労働災害を防止するため必要な措置を講じなければならない。

２ 前項の場合において、同項の規定により同項に規定する措置を講ずべき者がいないときは、当該場所において行われる特定作業に係る仕事の全部を請負人に請け負わせている建設業に属する事業の元方事業者又は第30条第２項若しくは第３項の規定により指名された事業者で建設業に属する事業を行うものは、前項に規定する措置を講ずる者を指名する等当該場所において特定作業に従事するすべての労働者の労働災害を防止するため必要な配慮をしなければならない。

（違法な指示の禁止）

第31条の４ 注文者は、その請負人に対し、当該仕事に関し、その指示に従つて当該請負人の労働者を労働させたならば、この法律又はこれに基づく命令の規定に違反することとなる指示をしてはならない。

（請負人の講ずべき措置等）

第32条 第30条第１項又は第４項の場合において、同条第１項に規定する措置を講ずべき事業者以外の請負人で、当該仕事を自ら行うものは、これらの規定により講ぜられる措置に応じて、必要な措置を講じなければならない。

２ 第30条の２第１項又は第４項の場合において、同条第１項に規定する措置を講ずべき事業者以外の請負人で、当該仕事を自ら行うものは、これらの規定により講ぜられる措置に応じて、必要な措置を講じなければならない。

３ 第30条の３第１項又は第４項の場合において、第25条の２第１項各号の措置を講ずべき事業者以外の請負人で、当該仕事を自ら行うものは、第30条の３第１項又は第４項の規定により講ぜられる措置に応じて、必要な措置を講じなければならない。

４ 第31条第１項の場合において、当該建設物等を使用する労働者に係る事業者である請負人は、同項の規定により講ぜられる措置に応じて、必要な措置を講じなければならない。

５ 第31条の２の場合において、同条に規定する仕事に係る請負人は、同条の規定により講ぜられる措置に応じて、必要な措置を講じなければならない。

（定期自主検査）

第45条　事業者は、ボイラーその他の機械等で、政令で定めるものについて、厚生労働省令で定めるところにより、定期に自主検査を行ない、及びその結果を記録しておかなければならない。

2　事業者は、前項の機械等で政令で定めるものについて同項の規定による自主検査のうち厚生労働省令で定める自主検査（以下「特定自主検査」という。）を行うときは、その使用する労働者で厚生労働省令で定める資格を有するもの又は第54条の3第1項に規定する登録を受け、他人の求めに応じて当該機械等について特定自主検査を行う者（以下「検査業者」という。）に実施させなければならない。

3　厚生労働大臣は、第1項の規定による自主検査の適切かつ有効な実施を図るため必要な自主検査指針を公表するものとする。

4　厚生労働大臣は、前項の自主検査指針を公表した場合において必要があると認めるときは、事業者若しくは検査業者又はこれらの団体に対し、当該自主検査指針に関し必要な指導等を行うことができる。

（安全衛生教育）

第59条　事業者は、労働者を雇い入れたときは、当該労働者に対し、厚生労働省令で定めるところにより、その従事する業務に関する安全又は衛生のための教育を行なわなければならない。

2　前項の規定は、労働者の作業内容を変更したときについて準用する。

3　事業者は、危険又は有害な業務で、厚生労働省令で定めるものに労働者をつかせるときは、厚生労働省令で定めるところにより、当該業務に関する安全又は衛生のための特別の教育を行なわなければならない。

第60条　事業者は、その事業場の業種が政令で定めるものに該当するときは、新たに職務につくこととなつた職長その他の作業中の労働者を直接指導又は監督する者（作業主任者を除く。）に対し、次の事項について、厚生労働省令で定めるところにより、安全又は衛生のための教育を行なわなければならない。

一　作業方法の決定及び労働者の配置に関すること。

二　労働者に対する指導又は監督の方法に関すること。

三　前2号に掲げるもののほか、労働災害を防止するため必要な事項で、厚生労働省令で定めるもの

第60条の2　事業者は、前2条に定めるもののほか、その事業場における安全衛生の水準の向上を図るため、危険又は有害な業務に現に就いている者に対し、その従事する業務に関する安全又は衛生のための教育を行うように努めなければならない。

2　厚生労働大臣は、前項の教育の適切かつ有効な実施を図るため必要な指針を公表するものとする。

3　厚生労働大臣は、前項の指針に従い、事業者又はその団体に対し、必要な指導等を行うことができる。

（就業制限）

第61条　事業者は、クレーンの運転その他の業務で、政令で定めるものについては、都道府県労働局長の当該業務に係る免許を受けた者又は都道府県労働局長の登録を受けた者が行う当該業務に係る技能講習を修了した者その他厚生労働省令で定める資格を有する者でなければ、当該業務に就かせてはならない。

2　前項の規定により当該業務につくことができる者以外の者は、当該業務を行なつてはならない。

3　第1項の規定により当該業務につくことができる者は、当該業務に従事するときは、これに係る免許証その他その資格を証する書面を携帯していなければならない。

4　職業能力開発促進法（昭和44年法律第64号）第24条第1項（同法第27条の2第2項において準用する場合を含む。）の認定に係る職業訓練を受ける労働者について必要がある場合においては、その必要の限度で、前3項の規定について、厚生労働省令で別段の定めをすることができる。

（作業環境測定）

第65条　事業者は、有害な業務を行う屋内作業場その他の作業場で、政令で定めるものについて、厚生労働省令で定めるところにより、必要な作業環境測定を行い、及びその結果を記録しておかなければならない。

2　前項の規定による作業環境測定は、厚生労働大臣の定める作業環境測定基準に従つて行わなければならない。

3　厚生労働大臣は、第1項の規定による作業環境測定の適切かつ有効な実施を図るため必要な作業環境測定指針を公表するものとする。

4　厚生労働大臣は、前項の作業環境測定指針を公表した場合において必要があると認めるときは、事業者若しくは作業環境測定機関又はこれらの団体に対し、当該作業環境測定指針に関し必要な指導等を行うことができる。

5　都道府県労働局長は、作業環境の改善により労働者の健康を保持する必要があると認めるときは、労働衛生指導医の意見に基づき、厚生労働省令で定めるところにより、事業者に対し、作業環境測定の実施その他必要な事項を指示することができる。

（健康診断）

第66条　事業者は、労働者に対し、厚生労働省令で定めるところにより、医師による健康診断（第66条の10第1項に規定する検査を除く。以下この条及び次条において同じ。）を行わなければならない。

2　事業者は、有害な業務で、政令で定めるものに従事する労働者に対し、厚生労働省令で定めるところにより、医師による特別の項目についての健康診断を行わなければならない。有害な業務で、政令で定めるものに従事させたことのある労働者で、現に使用しているものについても、同様とする。

3　事業者は、有害な業務で、政令で定めるものに従事する労働者に対し、厚生労働省令で定めるところにより、歯科医師による健康診断を行なわなければならない。

4　都道府県労働局長は、労働者の健康を保持するため必要があると認めるときは、労働衛生指導医の意見に基づき、厚生労働省令で定めるところにより、事業者に対し、臨時の健康診断の実施その他必要な事項を指示することができる。

5　労働者は、前各項の規定により事業者が行なう健康診断を受けなければならない。ただし、事業者の指定した医師又は歯科医師が行なう健康診断を受けることを希望しない場合において、他の医師又は歯科医師の行なうこれらの規定による健康診断に相当する健康診断を受け、その結果を証明する書面を事業者に提出したときは、この限りでない。

(2) 元方事業者による建設現場安全管理指針（抄）

〔平成7年4月21日厚生省基発第267号の2〕

第1 趣旨

　本指針は、建設現場等において元方事業者が実施することが望ましい安全管理の具体的手法を示すことにより、建設現場の安全管理水準の向上を促進し、建設業における労働災害の防止を図るためのものである。なお、建設現場の安全管理は、元方事業者及び関係請負人が一体となって進めることによりその水準の一層の向上が期待できることから、本指針においては、元方事業者が実施する安全管理の手法とともに、これに対応して関係請負人が実施することが望ましい事項も併せて示している。

第2 建設現場における安全管理

　3　請負契約における労働災害防止対策の実施者及びその経費の負担者の明確化等

　　　元方事業者は、請負人に示す見積条件に労働災害防止に関する事項を明示する等により、労働災害の防止に係る措置の範囲を明確にするとともに、請負契約において労働災害防止対策の実施者及びそれに要する経費の負担者を明確にすること。

　　　また、元方事業者は、労働災害の防止に要する経費のうち請負人が負担する経費（施工上必要な経費と切り離し難いものを除き、労働災害防止対策を講ずるためのみに要する経費）については、請負契約書に添付する請負代金内訳書等に当該経費を明示すること。

　　　さらに、元方事業者は、関係請負人に対しても、これについて指導すること。

　　　なお、請負契約書、請負代金内訳書等において実施者、経費の負担者等を明示する労働災害防止対策の例には、次のようなものがある。

　⑴　請負契約において実施者及び経費の負担者を明示する労働災害防止対策

　　　①　労働者の墜落防止のための防網の設置

　　　②　物体の飛来・落下による災害を防止するための防網の設置

　　　③　安全帯の取付け設備の設置

　　　④　車両系建設機械を用いて作業を行う場合の接触防止のための誘導員の配置

　　　⑤　関係請負人の店社に配置された安全衛生推進者等が実施する作業場所の巡視等

　　　⑥　元方事業者が主催する安全大会等への参加

　　　⑦　安全のための講習会等への参加

　⑵　請負代金内訳書に明示する経費

　　　①　関係請負人に、上記④の誘導員を配置させる場合の費用

　　　②　関係請負人の店社に配置された安全衛生推進者等が作業場所の巡視等の現場管理を実施するための費用

　　　③　元方事業者が主催する安全大会等に関係請負人が労働者を参加させるための費用

　　　④　元方事業者が開催する関係請負人の労働者等の安全のための講習会等に関係請負人が労働者を参加させる場合の講習会参加費等の費用

　14　関係請負人が実施する事項

　⑵　請負契約における労働災害防止対策の実施者及びその経費の負担者の明確化

　　　関係請負人は、その仕事の一部を別の請負人に請け合わせる場合には、請負契約において労働災害防止対策の実施者及びその経費の負担者を明確にすること。

Ⅱ　その他法令遵守に参考となる資料

1　建設業法関係

(1)　一括下請負の禁止について〔平成28年10月14日　国土建第275号〕

　　　　　　　　　　　　　　　　国土交通省土地・建設産業局長から　建設業者団体の長あて
　一括下請負は、発注者が建設工事の請負契約を締結するに際して建設企業に寄せた信頼を裏切ることとなること等から、建設業法第22条において禁止されているところ、依然として不適切な事例が見られることから、一括下請負の排除の徹底と適正な施工の確保が求められている。
　中央建設業審議会・社会資本整備審議会産業分科会建設部会基本問題小委員会中間とりまとめ（平成28年6月22日）においても、実質的に施工に携わらない企業を施工体制から排除し、不要な重層化を回避するため、一括下請負の禁止に係る判断基準の明確化を図る必要がある旨が提言された。
　これを受け、下記のとおり「一括下請負の禁止について」を定めたので送付する。
　ついては、貴団体におかれては、その趣旨及び内容を了知の上、貴団体傘下の建設企業に対しこの旨の周知徹底が図られるよう指導方お願いする。
　なお、「一括下請負の禁止について」（平成4年12月17日付け建設省経建発第379号）は廃止する。

一括下請負の禁止について

> 　一括下請負は、発注者が建設工事の請負契約を締結するに際して建設業者に寄せた信頼を裏切ることとなること等から、禁止されています。
> （参考）　建設業法
> 　第22条　建設業者は、その請け負つた建設工事を、いかなる方法をもつてするかを問わず、一括して他人に請け負わせてはならない。
> 　2　建設業を営む者は、建設業者から当該建設業者の請け負つた建設工事を一括して請け負つてはならない。
> 　3　前2項の建設工事が多数の者が利用する施設又は工作物に関する重要な建設工事で政令で定めるもの以外の建設工事である場合において、当該建設工事の元請負人があらかじめ発注者の書面による承諾を得たときは、これらの規定は、適用しない。
> 　4　（略）
> （注）　第3項に規定する「政令で定めるもの」とは、建設業法施行令第6条の3に規定する「共同住宅を新築する建設工事」をいいます。

１．一括下請負の禁止
⑴　建設工事の発注者が受注者となる建設業者を選定するに当たっては、過去の施工実績、施工能力、経営管理能力、資力、社会的信用等様々な角度から当該建設業者の評価をするものであ

り、受注した建設工事を一括して他人に請け負わせることは、発注者が建設工事の請負契約を締結するに際して当該建設業者に寄せた信頼を裏切ることになります。

⑵　また、一括下請負を容認すると、中間搾取、工事の質の低下、労働条件の悪化、実際の工事施工の責任の不明確化等が発生するとともに、施工能力のない商業ブローカー的不良建設業者の輩出を招くことにもなりかねず、建設業の健全な発達を阻害するおそれがあります。

⑶　このため、建設業法第22条は、いかなる方法をもってするかを問わず、建設業者が受注した建設工事を一括して他人に請け負わせること（同条第1項）、及び建設業を営む者が他の建設業者が請け負った建設工事を一括して請け負うこと（同条第2項）を禁止しています。

また、民間工事については、建設業法施行令第6条の3に規定する共同住宅を新築する建設工事を除き、事前に発注者の書面による承諾を得た場合は適用除外となりますが（同条第3項）、公共工事の入札及び契約の適正化の促進に関する法律（平成12年法律第127号）の適用対象となる公共工事（以下単に「公共工事」という。）については建設業法第22条第3項は適用されず、全面的に禁止されています。

同条第1項の「いかなる方法をもつてするかを問わず」とは、契約を分割し、あるいは他人の名義を用いるなどのことが行われていても、その実態が一括下請負に該当するものは一切禁止するということです。

また、一括下請負により仮に発注者が期待したものと同程度又はそれ以上の良質な建設生産物ができたとしても、発注者の信頼を裏切ることに変わりはないため、建設業法第22条違反となります。なお、同条第2項の禁止の対象となるのは、「建設業を営む者」であり、建設業の許可を受けていない者も対象となります。

（注）　この指針において、「発注者」とは建設工事の最初の注文者をいい、「元請負人」とは下請契約における注文者で建設業者であるものをいい、「下請負人」とは下請契約における請負人をいいます。

2．一括下請負とは

⑴　建設業者は、その請け負った建設工事の完成について誠実に履行することが必要です。したがって、元請負人がその下請工事の施工に実質的に関与することなく、以下の場合に該当するときは、一括下請負に該当します。

①　請け負った建設工事の全部又はその主たる部分について、自らは施工を行わず、一括して他の業者に請け負わせる場合

②　請け負った建設工事の一部分であって、他の部分から独立してその機能を発揮する工作物の建設工事について、自らは施工を行わず、一括して他の業者に請け負わせる場合

⑵　「実質的に関与」とは、元請負人が自ら施工計画の作成、工程管理、品質管理、安全管理、技術的指導等を行うことをいい、具体的には以下のとおりです。

①　発注者から直接建設工事を請け負った建設業者は、「施工計画の作成、工程管理、品質管理、安全管理、技術的指導等」として、それぞれ次に掲げる事項を全て行うことが必要です。

（i）　施工計画の作成：請け負った建設工事全体の施工計画書等の作成、下請負人の作成した施工要領書等の確認、設計変更等に応じた施工計画書等の修正

（ii）　工程管理：請け負った建設工事全体の進捗確認、下請負人間の工程調整

　　　(ⅲ)　品質管理：請け負った建設工事全体に関する下請負人からの施工報告の確認、必要に応じた立会確認

　　　(ⅳ)　安全管理：安全確保のための協議組織の設置及び運営、作業場所の巡視等請け負った建設工事全体の労働安全衛生法に基づく措置

　　　(ⅴ)　技術的指導：請け負った建設工事全体における主任技術者の配置等法令遵守や職務遂行の確認、現場作業に係る実地の総括的技術指導

　　　(ⅵ)　その他：発注者等との協議・調整、下請負人からの協議事項への判断・対応、請け負った建設工事全体のコスト管理、近隣住民への説明

　②　①以外の建設業者は、「施工計画の作成、工程管理、品質管理、安全管理、技術的指導等」として、それぞれ次に掲げる事項を主として行うことが必要です。

　　　(ⅰ)　施工計画の作成：請け負った範囲の建設工事に関する施工要領書等の作成、下請負人が作成した施工要領書等の確認、元請負人等からの指示に応じた施工要領書等の修正

　　　(ⅱ)　工程管理：請け負った範囲の建設工事に関する進捗確認

　　　(ⅲ)　品質管理：請け負った範囲の建設工事に関する立会確認（原則）、元請負人への施工報告

　　　(ⅳ)　安全管理：協議組織への参加、現場巡回への協力等請け負った範囲の建設工事に関する労働安全衛生法に基づく措置

　　　(ⅴ)　技術的指導：請け負った範囲の建設工事に関する作業員の配置等法令遵守、現場作業に係る実地の技術指導

　　　(ⅵ)　その他：自らが受注した建設工事の請負契約の注文者との協議、下請負人からの協議事項への判断・対応、元請負人等の判断を踏まえた現場調整、請け負った範囲の建設工事に関するコスト管理、施工確保のための下請負人調整

　　　　ただし、請け負った建設工事と同一の種類の建設工事について単一の業者と下請契約を締結するものについては、以下に掲げる事項を全て行うことが必要です。

　　　○　請け負った範囲の建設工事に関する、現場作業に係る実地の技術指導

　　　○　自らが受注した建設工事の請負契約の注文者との協議

　　　○　下請負人からの協議事項への判断・対応

　なお、建設業者は、建設業法第26条第1項及び第2項に基づき、工事現場における建設工事の施行上の管理をつかさどるもの（監理技術者又は主任技術者。以下単に「技術者」という。）を置かなければなりませんが、単に現場に技術者を置いているだけでは上記の事項を行ったことにはならず、また、現場に元請負人との間に直接的かつ恒常的な雇用関係を有する適格な技術者が置かれない場合には、「実質的に関与」しているとはいえないことになりますので注意してください。

　また、公共工事の発注者においては、施工能力を有する建設業者を選択し、その適正な施工を確保すべき責務に照らし、一括下請負が行われないよう的確に対応することが求められることから、建設業法担当部局においても公共工事の発注者と連携して厳正に対応することとしています。

(3)　一括下請負に該当するか否かの判断は、元請負人が請け負った建設工事1件ごとに行い、建設工事1件の範囲は、原則として請負契約単位で判断されます。

　　　（注1）「その主たる部分を一括して他の業者に請け負わせる場合」とは、下請負に付され

　　　た建設工事の質及び量を勘案して個別の建設工事ごとに判断しなければなりませんが、例えば、本体工事のすべてを一業者に下請負させ、附帯工事のみを自ら又は他の下請負人が施工する場合や、本体工事の大部分を一業者に下請負させ、本体工事のうち主要でない一部分を自ら又は他の下請負人が施工する場合などが典型的なものです。

（具体的事例）

①　建築物の電気配線の改修工事において、電気工事のすべてを1社に下請負させ、電気配線の改修工事に伴って生じた内装仕上工事のみを元請負人が自ら施工し、又は他の業者に下請負させる場合

②　戸建住宅の新築工事において、建具工事以外のすべての建設工事を1社に下請負させ、建具工事のみを元請負人が自ら施工し、又は他の業者に下請負させる場合

　　（注2）「請け負った建設工事の一部分であって、他の部分から独立してその機能を発揮する工作物の建設工事を一括して他の業者に請け負わせる場合」とは、次の（具体的事例）の①及び②のような場合をいいます。

（具体的事例）

①　戸建住宅10戸の新築工事を請け負い、そのうちの1戸の建設工事を1社に下請負させる場合

②　道路改修工事2kmを請け負い、そのうちの500m分について施工技術上分割しなければならない特段の理由がないにもかかわらず、その建設工事を1社に下請負させる場合

3.　一括下請負に対する発注者の承諾

　　民間工事（共同住宅を新築する建設工事を除く。）の場合、元請負人があらかじめ発注者から一括下請負に付することについて書面による承諾を得ている場合は、一括下請負の禁止の例外とされていますが、次のことに注意してください。

①　建設工事の最初の注文者である発注者の承諾が必要です。発注者の承諾は、一括下請負に付する以前に書面により受けなければなりません。

②　発注者の承諾を受けなければならない者は、請け負った建設工事を一括して他人に請け負わせようとする元請負人です。

　　したがって、下請負人が請け負った建設工事を一括して再下請負に付そうとする場合にも、発注者の書面による承諾を受けなければなりません。当該下請負人に建設工事を注文した元請負人の承諾ではないことに注意してください。

　　また、事前に発注者から承諾を得て一括下請負に付した場合でも、元請負人は、請け負った建設工事について建設業法に規定する責任を果たすことが求められ、当該建設工事の工事現場に同法第26条に規定する主任技術者又は監理技術者を配置することが必要です。

4.　一括下請負禁止違反の建設業者に対する監督処分

　　受注した建設工事を一括して他人に請け負わせることは、発注者が建設業者に寄せた信頼を裏切る行為であることから、一括下請負の禁止に違反した建設業者に対しては建設業法に基づく監督処分等により、厳正に対処することとしています。

　　また、公共工事については、一括下請負と疑うに足りる事実があった場合、発注者は、当該建設工事の受注者である建設業者が建設業許可を受けた国土交通大臣又は都道府県知事及び当

該事実に係る営業が行われる区域を管轄する都道府県知事に対し、その事実を通知することとされ、建設業法担当部局と発注者とが連携して厳正に対処することとしています。

　監督処分については、行為の態様、情状等を勘案し、再発防止を図る観点から原則として営業停止の処分が行われることになります。

　なお、一括下請負を行った建設業者は、当該工事を実質的に行っていると認められないため、経営事項審査における完成工事高に当該建設工事に係る金額を含むことは認められません。

〔参考〕

○ 一括下請負の禁止について（事例集等の送付）

〔平成28年10月14日　事務連絡〕

国土交通省土地・建設産業局建設業課から　建設業者団体の長あて

　　一括下請負は、発注者が建設工事の請負契約を締結するに際して建設企業に寄せた信頼を裏切ることとなること等から、建設業法第22条において禁止されているところ、依然として不適切な事例が見られることから、一括下請負の排除の徹底と適正な施工の確保が求められている。

　　中央建設業審議会・社会資本整備審議会産業分科会建設部会基本問題小委員会中間とりまとめ（平成28年6月22日）においても、実質的に施工に携わらない企業を施工体制から排除し、不要な重層化を回避するため、一括下請負の禁止に係る判断基準の明確化を図る必要がある旨が提言され、「一括下請負の禁止について」（平成28年10月14日付け国土建第275号）を定めたところである。

　　これに関し、本通知の参考として、以下のとおり事例集及び判断基準の規定に係る改正箇所の対応表を作成したので送付する。

　　貴団体におかれては、その趣旨及び内容を了知の上、貴団体傘下の建設企業に対しこの旨の周知徹底が図られるよう指導方お願いする。

○ 一括下請負に関するＱ＆Ａ

> **Q1**　施主から500万円で地盤改良工事を請け負いましたが、都合により自ら施工することができなくなったため、利益はもちろん経費も一切差し引かずに、Ａ社に500万円でこの建設工事の全部を下請負させました。この場合でも建設業法第22条に違反することになるのですか。

　A　建設業法が一括下請負を禁止しているのは、発注者は契約の相手方である建設業者の施工能力等を信頼して契約を締結するものであり、当該契約に係る建設工事を実質的に下請負人に施工させることはこの信頼関係を損なうことになることから、発注者保護という観点からこれを禁止しているのであって、中間搾取の有無は一括下請負であるか否かの判断においては考慮されません。

　　したがって、本件のように請け負った建設工事をそっくりそのまま下請負させれば、元請負人が一切利潤を得ていなくても一括下請負に該当します。

> **Q2**　小学校の増築工事を請け負い、当該建設工事の主たる部分である基礎工事、躯体工事、仕上工事及び設備工事を1社に下請負させました。一応現場には当社の技術者を置いていますが、この場合でも建設業法第22条に違反することになるのですか。

　A　請け負った建設工事の主たる部分を一括して下請負させる場合であっても、当該下請負させた部分の施工につき実質的に関与していれば、一括下請負には該当しません。しかし、単に現場に技術者を置いているというだけでは「実質的に関与」しているとはいえません。「実質的に関与」しているとの判断がされるためには、自ら施工計画の作成、工程

管理、品質管理、安全管理、技術的指導等を実際に行っていることが必要です。

Q3　A市の公民館の新築工事を落札・契約し、当該建設工事のうち基礎工事と躯体工事について下請契約をB社と締結しました。3月後、この公民館の外構工事の入札が実施され、これを落札・契約しましたが、当該外構工事については公民館の本体工事と施工場所も同一で、工期も一部重なっていることから、本体工事と一体として施工することとし、当該外構工事についてB社と追加変更契約を締結したところ、発注者であるA市から外構工事については一括下請負に該当すると指摘されました。外構工事単体で捉えれば一括下請負に該当するかもしれませんが、公民館の本体工事と取りまとめて1件の工事として扱えば一括下請負にならないのではないでしょうか。

A　一括下請負に該当するか否かの判断は、元請負人が請け負った建設工事1件ごとに行うものであり、建設工事1件の範囲は原則として請負契約単位で判断することとなっています。

　本件の場合、外構工事が本体工事とは別に入札・発注されていることから、たとえ外構工事が本体工事と施工場所も同一で工期も一部重なっていたとしても、本体工事と外構工事とを取りまとめて1件の建設工事として扱うことはできません。したがって、この外構工事全部をB社に下請負させるとすれば、一括下請負に該当することとなります。

Q4　道路改修工事に関して、その建設工事の全部をA社1社に下請負させましたが、建設工事に必要な資材を元請負人としてA社に提供しています。この場合も一括下請負になるのでしょうか。

A　適正な品質の資材を調達することは、施工管理の一環である品質管理の一つではありますが、これだけを行っても、元請負人としてその施工に実質的に関与しているとはいえず、一括下請負に該当することになります。

Q5　一括下請負の禁止は元請負人だけではなく下請負人にも及ぶということですが、下請負人には一括下請負に該当するか、元請負人が「実質的に関与」しているかどうかがよく分からないこともあるのではないですか。

A　発注者保護という一括下請禁止規定の趣旨からは、直接契約関係にある元請負人の責任がまず問われるべきであり、また、特に公共発注者においては、施工能力を有する建設業者を選択し、その適正な施工を確保すべき責務に照らし、一括下請負が行われないよう的確に対応することが求められると考えられますが、下請負人においても、建設工事の施工に係る自己の責任の範囲及び元請の監理技術者又は主任技術者による指導監督系統を正確に把握することにより、漫然と一括下請負違反に陥ることのないように注意する必要があります。

　そもそも誰が元請負人における当該建設工事の施工の責任者であるのか分からない状態で下請負人の施工が適切に行われることは考えられず、瑕疵が発生した場合の責任の所在

も不明確となります。したがって、下請負人にとって元請負人の適格な技術者が配置されていると信じるに足りる特段の事由があり事後に適格性がないことが判明した等やむをえない事情がない限り、元請負人において適格な技術者が配置されず、実質的に関与しているといえない場合には、原則として、下請負人も建設業法に基づく監督処分等の対象となります。

Q6 A市から電線共同溝工事を請け負い、電線共同溝の本体工事をB社に下請負させ、その他の信号移設工事や植栽・移植工事等はそれぞれ他の建設業者に下請負させています。このような場合も一括下請負に該当するのでしょうか。

A 複数の建設業者と下請契約を結んでいた場合であっても、その建設工事の主たる部分について一括して請け負わせている場合は、元請負人が実質的に関与している場合を除き、一括下請負となります。本件のような場合には、実質的な関与の内容について精査が必要と考えられます。

Q7 A県からトンネル工事を請け負い、建設工事の全体の施工管理を行っていますが、工事が大規模であり、必要な技術者もあいにく十分に確保することができなかったので、1次下請負人にも施工管理の一部を担ってもらっています。主たる工事の実際の施工は2次以下の下請負人が行っています。このような場合も一括下請負に該当するのでしょうか。

A 元請負人も1次下請負人も自らは施工を行わず、共に施工管理のみを行っている場合、実質関与についての元請負人と1次下請負人それぞれどのような役割を果たしているかが問題となり、その内容如何によって、その両者又はいずれかが、一括下請負になります。特に、元請負人と1次下請負人が同規模・同業種であるような場合には、相互の役割分担等について合理的な説明が困難なケースが多いと考えられます。

Q8 A県から橋梁工事を受注しましたが、隣接工区で実際に施工を行っている建設業者に、施工の効率化の観点からも有効と考え、建設工事の大部分を下請負させました。このような場合も一括下請負に該当するのでしょうか。

A 自らが請け負った建設工事の主たる部分を一括して他人に請け負わせた場合には、実質的な関与をしている場合を除き、一括下請負に該当します。本件のケースのような場合には、下請負人が隣接工区を含め、一体的に施工し、工事全体にわたって主体的な役割を果たしているケースが多いと考えられ、元請負人の実質的な関与について疑義が生じるケースであると考えます。

Q9 地盤改良整備を含む道路改良工事を請け負いましたが、当該地盤改良には、特別な工法が要求されるため、地盤改良技術を持つ子会社に実際の建設工事を行わせました。このような分社化は経営効率化の要請によるものであり、また、子会社とは連結関係にあ

> ることからも一括下請負に該当しないと考えますが如何でしょうか。

A　連結関係の子会社であるとしても、実際の建設工事を一括して他社に行わせた場合、別々の会社である以上、一括下請負に当たります。このように親会社が自ら実質的な業務を行わない場合には、親会社を介さず直接子会社に請け負わせることが適当です。

Q10　機器・設備等の設置工事を１次下請として請け負いましたが、当社では当該機器・設備の製造のみを行っており、実際の建設工事については、施工品質があると当社が認めた認定工務店（２次下請）が行いました。当社は当該機器・設備の設置マニュアルの作成や工務店の認定の業務を行っておりますが、この場合でも一括下請負に該当するのでしょうか。

A　設置マニュアルの作成や工務店の認定のみでは、現場における技術指導を行ったとは言えず、一括下請負に当たります。このような場合は機器・設備の売買契約等を締結し、建設工事の請負契約自体は元請負人が直接認定工務店と締結することが適当です。

　仮に設置工事の請負契約を締結した場合は、監理技術者等を配置するとともに、2(2)に掲げた施工計画の作成、工程管理、品質管理、安全管理、技術的指導等を行うことが必要です。

Q11　「実質的に関与」していることの確認は、具体的にどのような方法で行うのでしょうか。

A　一括下請負の疑義がある場合には、まず、当該元請負人の主任技術者又は監理技術者に対して、具体的にどのような作業を行っているのかヒアリングを行います。ヒアリングの際、その請け負った建設工事の施工管理等に関し、十分に責任ある受け答えができるか否かがポイントとなります。また、必要に応じ、下請負人の主任技術者からも同様のヒアリングを行うことが有効です。

　その場合、元請負人が作成する日々の作業打合せ簿、それぞれの請負人が作成する工事日報、安全指示書等を確認して、実際に行った作業内容を確認することが有効です。これらの帳簿の中に、具体的な作業内容が記載されていない場合、又は記載されていても形式的な参加に過ぎない場合等は一括下請負に該当する可能性が高いと言えます。

Q12　民間工事についても、共同住宅を新築する建設工事については一括下請負が禁止されましたが、具体的にはどのような建設工事が禁止の対象となるのでしょうか。

A　建設業法施行令第６条の３に規定にする「共同住宅を新築する建設工事」については一括下請負が禁止されています。

　「共同住宅を新築する建設工事」とは、一般的には、マンション、アパート等を新築する建設工事が該当することになりますが、長屋を新築する建設工事は含まれません（共同住宅であるか、長屋であるかは、建築基準法第６条の規定に基づき申請し、交付される建築済証（建築確認申請証及び添付図書を含む。）により判別することが可能です）。

　なお、共同住宅を新築する建設工事については、元請負人と１次下請負人の下請契約のみならず、当該建設工事における全ての下請契約について、一括下請負が禁止されています。従って、事前に発注者の書面による承諾を得たとしても、主たる部分を一括して請け負わせることはできません。

（参考）一括下請負に関する通知における判断基準の規定　改正箇所の対応表

「一括下請負の禁止について」（平成28年10月14日付け国土建第275号）（新規発出）（抄）	「一括下請負の禁止について」（平成4年12月17日付け建設省経建発第379号）（廃止）（抄）
二　一括下請負とは (1)　建設業者は、その請け負った建設工事の完成について誠実に履行することが必要です。したがって、<u>元請負人がその下請工事の施工に実質的に関与することなく、以下の場合に該当するときは、一括下請負に該当します。</u> ①　請け負った建設工事の全部又はその主たる部分について、<u>自らは施工を行わず、</u>一括して他の業者に請け負わせる場合 ②　請け負った建設工事の一部分であって、他の部分から独立してその機能を発揮する工作物の建設工事について、<u>自らは施工を行わず、</u>一括して他の業者に請け負わせる場合 (2)　「実質的に関与」とは、<u>元請負人が自ら施工計画の作成、工程管理、品質管理、安全管理、技術的指導等を行うことをいい、具体的には以下のとおりです。</u> ①　<u>発注者から直接建設工事を請け負った建設業者は、「施工計画の作成、工程管理、品質管理、安全管理、技術的指導等」として、それぞれ次に掲げる事項を全て行うことが必要です。</u> (ⅰ)　<u>施工計画の作成：請け負った建設工事全体の施工計画書等の作成、下請負人の作成した施工要領書等の確認、設計変更等に応じた施工計画書等の修正</u> (ⅱ)　<u>工程管理：請け負った建設工事全体の進捗確認、下請負人間の工程調整</u> (ⅲ)　<u>品質管理：請け負った建設工事全体に関する下請負人からの施工報告の確認、必要に応じた立会確認</u>	二　一括下請負とは (1)　建設業者は、その請け負った建設工事の完成について誠実に履行することが必要です。したがって、次のような場合は、<u>元請負人がその下請工事の施工に実質的に関与していると認められるときを除き、一括下請負に該当します。</u> ①　請け負った建設工事の全部又はその主たる部分を一括して他の業者に請け負わせる場合 ②　請け負った建設工事の一部分であって、他の部分から独立してその機能を発揮する工作物の工事を一括して他の業者に請け負わせる場合 (2)　「実質的に関与」とは、<u>元請負人が自ら総合的に企画、調整及び指導（施工計画の総合的な企画、工事全体の的確な施工を確保するための工程管理及び安全管理、工事目的物、工事仮設物、工事用資材等の品質管理、下請負人間の施工の調整、下請負人に対する技術指導、監督等）を行うことをいいます。</u>

(iv) 安全管理：安全確保のための協議組織の設置及び運営、作業場所の巡視等請け負った建設工事全体の労働安全衛生法に基づく措置

(v) 技術的指導：請け負った建設工事全体における主任技術者の配置等法令遵守や職務遂行の確認、現場作業に係る実地の総括的技術指導

(vi) その他：発注者等との協議・調整、下請負人からの協議事項への判断・対応、請け負った建設工事全体のコスト管理、近隣住民への説明

② ①以外の建設業者は、「施工計画の作成、工程管理、品質管理、安全管理、技術的指導等」として、それぞれ次に掲げる事項を主として行うことが必要です。

(i) 施工計画の作成：請け負った範囲の建設工事に関する施工要領書等の作成、下請負人が作成した施工要領書等の確認、元請負人等からの指示に応じた施工要領書等の修正

(ii) 工程管理：請け負った範囲の建設工事に関する進捗確認

(iii) 品質管理：請け負った範囲の建設工事に関する立会確認（原則）、元請負人への施工報告

(iv) 安全管理：協議組織への参加、現場巡回への協力等請け負った範囲の建設工事に関する労働安全衛生法に基づく措置

(v) 技術的指導：請け負った範囲の建設工事に関する作業員の配置等法令遵守、現場作業に係る実地の技術指導

(vi) その他：自らが受注した建設工事の請負契約の注文者との協議、下請負人からの協議事項への判断・対応、元請負人等の判断を踏まえた現場調整、請け負った範囲の建設工事

に関するコスト管理、施工確保のための下請負人調整

ただし、請け負った建設工事と同一の種類の建設工事について単一の業者と下請契約を締結するものについては、以下に掲げる事項を全て行うことが必要です。
- ○　請け負った範囲の建設工事に関する、現場作業に係る実地の技術指導
- ○　自らが受注した建設工事の請負契約の注文者との協議
- ○　下請負人からの協議事項への判断・対応

なお、建設業者は、建設業法第26条第1項及び第2項に基づき、工事現場における建設工事の施行上の管理をつかさどるもの（監理技術者又は主任技術者。以下単に「技術者」という。）を置かなければなりませんが、単に現場に技術者を置いているだけでは上記の事項を行ったことにはならず、また、現場に元請負人との間に直接的かつ恒常的な雇用関係を有する適格な技術者が置かれない場合には、「実質的に関与」しているとはいえないことになりますので注意してください。

また、公共工事の発注者においては、施工能力を有する建設業者を選択し、その適正な施工を確保すべき責務に照らし、一括下請負が行われないよう的確に対応することが求められることから、建設業法担当部局においても公共工事の発注者と連携して厳正に対応することとしています。

単に現場に技術者を置いているだけではこれに該当せず、また、現場に元請負人との間に直接的かつ恒常的な雇用関係を有する適格な技術者が置かれない場合には、「実質的に関与」しているとはいえないことになりますので注意してください。

なお、公共工事の発注者においては、施工能力を有する建設業者を選択し、その適正な施工を確保すべき責務に照らし、一括下請負が行われないよう的確に対応することが求められることから、建設業法担当部局においても公共工事の発注者と連携して厳正に対応することとしています。

(2) 監理技術者制度運用マニュアルの改正について

〔令和2年9月30日 国不建第130号〕

国土交通省土地・建設産業局建設業課長から 都道府県主管部局長あて

監理技術者等に関する制度に関しては、「監理技術者制度運用マニュアルについて」（平成16年3月1日付け国総建第315号）等をもって従来から運用してきたところである。

中央建設業審議会・社会資本整備審議会産業分科会建設部会基本問題小委員会中間とりまとめ（平成28年6月22日）において、元請の監理技術者等と下請の主任技術者について施工体制においてそれぞれが担う役割を明確化する必要があること、大規模工事における監理技術者の補佐的な役割を担う技術者を別途配置することが望ましい旨を明確化する必要があること、工場製品について監理技術者等は適宜合理的な方法で品質管理を行うことが必要であること、工事の一時中止等により監理技術者等の専任が不要となった期間に当該技術者に他の専任工事への従事を認めることについてその範囲や認める場合の具体的な方法等の検討が必要であることが提言された。

これを受け、また、これまでの法令改正等を踏まえ、下記のとおり「監理技術者制度運用マニュアル」を改正したので送付する。

貴職におかれては、これを踏まえ、監理技術者制度が的確に運用されるよう、建設業者に対し適切な指導を行うとともに、貴管内の公共工事発注機関等の関係行政機関及び建設業団体に対しても速やかに関係事項の周知及び徹底方取り計らわれたい。

〔別添〕

監理技術者制度運用マニュアル

最終改正 令和2年9月30日 国不建第130号

目 次

1　趣旨

建設業法では、建設工事の適正な施工を確保するため、工事現場における建設工事の施工の技術上の管理をつかさどる者として主任技術者、監理技術者又は特例監理技術者の設置を求めている。また、特例監理技術者を設置する場合には、当該工事現場に特例監理技術者の行うべき職務を補佐する者（以下「監理技術者補佐」という。）の設置を求めている。

監理技術者等（主任技術者、監理技術者、特例監理技術者又は監理技術者補佐をいう。以下同じ。）に関する制度（以下、「監理技術者制度」という。）は、高度な技術力を有する技術者が施工現場においてその技術力を十分に発揮することにより、建設市場から技術者が適正に設置されていないこと等による不良施工や一括下請負などの不正行為を排除し、技術と経営に優れ発注者から信頼される企業が成長できるような条件整備を行うことを目的としており、建設工事の適正な施工の確保及び建設産業の健全な発展のため、適切に運用される必要がある。

本マニュアルは、建設業法上重要な柱の一つである監理技術者制度を的確に運用するため、行政担当部局が指導を行う際の指針となるとともに建設業者が業務を遂行する際の参考となるものである。

(1)　建設業における技術者の意義

・　建設業については、一品受注生産であるためあらかじめ品質を確認できないこと、不適正な施工があったとしても完全に修復するのが困難であること、完成後には瑕疵の有無を確認することが困難であること、長期間、不特定多数に使用されること等の建設生産物の特性に加え、その施工については、総合組立生産であるため施工体制に係る全ての下請負人（以下「下請」という。）を含めた多数の者による様々な工程を総合的にマネージメントする必要があること、現地屋外生産であることから工程が天候に左右されやすいこと等の特性があることから、建設業者の施工能力が特に重要となる。一方、建設業者は、良質な社会資本を整備するという社会的使命を担っているとともに、発注者は、建設業者の施工能力等を拠り所に信頼できる建設業者を選定して建設工事の施工を託している。そのため、建設業者がその技術力を発揮して、建設工事の適正かつ生産性の高い施工が確保されることが極めて重要である。特に現場においては、建設業者が組織として有する技術力と技術者が個人として有する技術力が相俟って発揮されることによりはじめてこうした責任を果たすことができ、この点で技術者の果たすべき役割は大きく、建設業者は、適切な資格、経験等を有する技術者を工事現場に設置することにより、その技術力を十分に発揮し、施工の技術上の管理を適正に行わなければならない。

(2)　建設業法における監理技術者等

・　建設業法においては、建設工事を施工する場合には、工事現場における工事の施工の技術上の管理をつかさどる者として、主任技術者を置かなければならないこととされている。また、発注者から直接請け負った建設工事を施工するために締結した下請契約の請負代金の額の合計が4,000万円（建築一式工事の場合は6,000万円）以上となる場合には、特定建設業の許可が必要になるとともに、主任技術者に代えて監理技術者を置かなければならない（法第26条第1項及び第2項、令第2条）。

なお、監理技術者を専任で置くことが必要となる建設工事において、発注者から直接請け

負った特定建設業者が、特例監理技術者を置く場合（監理技術者を複数の工事現場で兼務させる場合）には、監理技術者補佐を当該工事現場ごとに専任で置かなければならないこととされている（法第26条第3項ただし書）。

・　主任技術者、監理技術者又は特例監理技術者となるためには、一定の国家資格や実務経験を有していることが必要であり、特に指定建設業（土木工事業、建築工事業、電気工事業、管工事業、鋼構造物工事業、舗装工事業及び造園工事業）に係る建設工事の監理技術者又は特例監理技術者は、一級施工管理技士等の国家資格者又は建設業法第15条第2号ハの規定に基づき国土交通大臣が認定した者（以下、「国土交通大臣認定者」という。）に限られる（法第26条第2項）。

・　監理技術者補佐となるためには、主任技術者の資格を有する者（法第7条第二号イ、ロ又はハに該当する者）のうち一級の技術検定の第一次検定に合格した者（一級施工管理技士補）又は一級施工管理技士等の国家資格者、学歴や実務経験により監理技術者の資格を有する者であることが必要である。なお、監理技術者補佐として認められる業種は、主任技術者の資格を有する業種に限られる。

(3)　本マニュアルの位置付け

・　監理技術者制度が円滑かつ的確に運用されるためには、行政担当部局は建設業者を適切に指導する必要がある。本マニュアルは、監理技術者等の設置に関する事項、監理技術者等の専任に関する事項、監理技術者資格者証（以下「資格者証」という。）に関する事項、監理技術者講習に関する事項等、監理技術者制度を運用する上で必要な事項について整理し、運用に当たっての基本的な考え方を示したものである。

建設業者にあっては、本マニュアルを参考に、監理技術者制度についての基本的考え方、運用等について熟知し、建設業法に基づき適正に業務を行う必要がある。

2　監理技術者等の設置
2－1　工事外注計画の立案

> 発注者から直接建設工事を請け負った建設業者（以下「元請」という）は、施工体制の整備及び監理技術者等の設置の要否の判断等を行うため、専門工事業者等への工事外注の計画（工事外注計画）を立案し、下請契約の請負代金の予定額を的確に把握しておく必要がある。

(1)　工事外注計画と下請契約の予定額

・　一般的に、工事現場においては、総合的な企画、指導の職務を遂行する監理技術者等を中心とし、専門工事業者等とにより施工体制が構成される。その際、建設工事を適正に施工するためには、工事のどの部分を専門工事業者等の施工として分担させるのか、また、その請負代金の額がどの程度となるかなどについて、工事外注計画を立案しておく必要がある。工事外注計画としては、受注前に立案される概略のものから工事施工段階における詳細なものまで考えられる。元請は、監理技術者等の設置の要否を判断するため、工事受注前にはおおむねの計画を立て、工事受注後速やかに、工事外注の範囲とその請負代金の額に関する工事外注計画を立案し、下請契約の予定額が4,000万円（建築一式工事の場合は6,000万円）以上となるか否か的確

に把握しておく必要がある。なお、当該建設業者は、工事外注計画について、工事の進捗段階に応じて必要な見直しを行う必要がある。

(2)　下請契約について

・　「下請契約」とは、建設業法において次のように定められている（法第2条第4項）。

　　「建設工事を他の者から請け負った建設業を営む者と他の建設業を営む者との間で当該建設工事の全部又は一部について締結される請負契約」

　　「請負契約」とは、「当事者の一方がある仕事を完成することを約し、相手方がその仕事の結果に対して報酬を与えることを約する契約」であり、単に使用者の指揮命令に従い労務に服することを目的とし、仕事の完成に伴うリスクは負担しない「雇用」とは区別される。元請は、このような点を踏まえ、工事外注の範囲を明らかにしておく必要がある。

・　なお、公共工事については全面的に一括下請負が禁止されている（公共工事の入札及び契約の適正化の促進に関する法律（平成12年法律第127号。以下、「入札契約適正化法」という。）第14条）。また、民間工事についても、共同住宅（長屋は含まない）を新築する建設工事は一括下請負が全面的に禁止されており、それ以外の工事は発注者の書面による承諾を得た場合を除き禁止されている（法第22条）。

2－2　監理技術者等の設置

> 　発注者から直接建設工事を請け負った特定建設業者は、下請契約の予定額を的確に把握して監理技術者を置くべきか否かの判断を行うとともに、工事内容、工事規模及び施工体制等を考慮し、適正に技術者を設置する必要がある。

(1)　監理技術者等の設置における考え方

・　建設工事の適正な施工を確保するためには、請け負った建設工事の内容を勘案し適切な技術者を適正に設置する必要がある。このため、発注者から直接建設工事を請け負った特定建設業者は、事前に監理技術者又は特例監理技術者を設置する工事に該当すると判断される場合には、当初から監理技術者又は特例監理技術者を設置しなければならず、監理技術者又は特例監理技術者を設置する工事に該当するかどうか流動的であるものについても、工事途中の技術者の変更が生じないよう、監理技術者になり得る資格を有する技術者を設置しておくべきである。なお、専任の監理技術者が、工事途中に監理技術者補佐を設置して当該監理技術者が他の工事現場を兼務することにより、特例監理技術者となることは、技術者の変更には当たらない。特例監理技術者が専任の監理技術者になることも同様である。

　　また、主任技術者、監理技術者、特例監理技術者又は監理技術者補佐の区分にかかわらず、下請契約の請負代金の額が小さくとも工事の規模、難易度等によっては、高度な技術力を持つ技術者が必要となり、国家資格者等の活用を図ることが適切な場合がある。元請は、これらの点も勘案しつつ、適切に技術者を設置する必要がある。

・　主任技術者については、特定専門工事（土木一式工事又は建築一式工事以外の建設工事のうち、その施工技術が画一的であり、かつ、その施工の技術の管理の効率化を図る必要がある工事をいう。以下同じ。）において、元請又は上位下請（以下「元請等」という。）が置く主任技

術者が自らの職務と併せて、直接契約を締結した下請（建設業者である下請に限る。）の主任技術者が行うべき職務を行うことを、元請等及び当該下請が書面により合意した場合は、当該下請に主任技術者を置かなくてもよいこととされている。この特定専門工事については、型枠工事又は鉄筋工事であって、元請等が本工事を施工するための下請契約の請負代金が3,500万円未満のもの（下請契約が2以上あるときは合計額）が対象となる（法第26条の3第1項、第2項、令第30条）。

　また、特定専門工事において元請等が置く主任技術者は、当該特定専門工事と同一の種類の建設工事に関し1年以上指導監督的な実務の経験を有すること、当該特定専門工事の工事現場に専任で置かれることが要件となる（法第26条の3第6項）。この「指導監督的な実務の経験」とは、工事現場主任者、工事現場監督者、職長などの立場で、部下や下請業者等に対して工事の技術面を総合的に指導・監督した経験が対象となる。

　なお、元請等と当該下請との契約は請負契約であり、当該下請に主任技術者を置かない場合においても、元請等の主任技術者から当該下請への指示は、当該下請の事業主又は現場代理人などの工事現場の責任者に対し行われなければならない。元請等の主任技術者が当該下請の作業員に直接作業を指示することは、労働者派遣（いわゆる偽装請負）と見なされる場合があることに留意する必要がある。

・　主任技術者、監理技術者、特例監理技術者又は監理技術者補佐の配置は、原則として1名が望ましい。なお、共同企業体（甲型）などで複数の主任技術者、監理技術者又は特例監理技術者を配置する場合は、代表する主任技術者、監理技術者又は特例監理技術者を明確にし、情報集約するとともに、職務分担を明確にしておく必要があり、発注者から請求があった場合は、その職務分担等について発注者に説明することが重要である。

(2)　共同企業体における監理技術者等の設置

・　建設業法においては、建設業者はその請け負った建設工事を施工するときは、当該建設工事に関し、当該工事現場における建設工事の施工の技術上の管理をつかさどる監理技術者等を置かなければならないこととされており、この規定は共同企業体の各構成員にも適用され、下請契約の額が4,000万円（建築一式工事の場合は6,000万円）以上となる場合には、特定建設業者たる構成員一社以上が監理技術者又は特例監理技術者を設置しなければならない。また、その請負金額が3,500万円（建築一式工事の場合は7,000万円）以上となる場合は設置された主任技術者又は監理技術者等は専任でなければならない。（特例監理技術者を設置した場合を除く。）

　なお、共同企業体が公共工事を施工する場合には、原則として特定建設業者たる代表者が、請負金額にかかわらず監理技術者を専任で設置すべきである。（特例監理技術者を設置した場合を除く。）

・　一つの工事を複数の工区に分割し、各構成員がそれぞれ分担する工区で責任を持って施工する分担施工方式にあっては、分担工事に係る下請契約の額が4,000万円（建築一式工事の場合は6,000万円）以上となる場合には、当該分担工事を施工する特定建設業者は、監理技術者又は特例監理技術者を設置しなければならない。また、分担工事に係る請負金額が3,500万円（建築一式工事の場合は7,000万円）以上となる場合は設置された主任技術者又は監理技術者等は専任でなければならない。（特例監理技術者を設置した場合を除く。）

　なお、共同企業体が公共工事を分担施工方式で施工する場合には、分担工事に係る下請契約

の額が4,000万円（建築一式工事の場合は6,000万円）以上となる場合は、当該分担工事を施工する特定建設業者は、請負金額にかかわらず監理技術者を専任で設置すべきである。（特例監理技術者を設置した場合を除く。）

・　いずれの場合も、その他の構成員は、主任技術者を当該工事現場に設置しなければならないが、公共工事を施工する特定建設共同企業体にあっては国家資格を有する者を、また、公共工事を施工する経常建設共同企業体にあっては原則として国家資格を有する者を、それぞれ請負金額にかかわらず専任で設置すべきである。

・　共同企業体による建設工事の施工が円滑かつ効率的に実施されるためには、すべての構成員が、施工しようとする工事にふさわしい技術者を適正に設置し、共同施工の体制を確保しなければならない。したがって、各構成員から派遣される技術者等の数、資格、配置等は、信頼と協調に基づく共同施工を確保する観点から、工事の規模・内容等に応じ適正に決定される必要がある。このため、編成表の作成等現場職員の配置の決定に当たっては、次の事項に配慮するものとする。

①　工事の規模、内容、出資比率等を勘案し、各構成員の適正な配置人数を確保すること。

②　構成員間における対等の立場での協議を確保するため、配置される職員は、ポストに応じ経験、年齢、資格等を勘案して決定すること。

③　特定の構成員に権限が集中することのないように配慮すること。

④　各構成員の有する技術力が最大限に発揮されるよう配慮すること。

(3)　主任技術者から監理技術者又は特例監理技術者への変更

・　当初は主任技術者を設置した工事で、大幅な工事内容の変更等により、工事途中で下請契約の請負代金の額が4,000万円（建築一式工事の場合は6,000万円）以上となったような場合には、発注者から直接建設工事を請け負った特定建設業者は、主任技術者に代えて、所定の資格を有する監理技術者又は、特例監理技術者及び監理技術者補佐を設置しなければならない。ただし、工事施工当初においてこのような変更があらかじめ予想される場合には、当初から監理技術者又は特例監理技術者になり得る資格を持つ技術者を置くとともに、特例監理技術者を置く場合は併せて監理技術者補佐となり得る資格を持つ技術者を置かなければならない。

(4)　監理技術者等の途中交代

・　建設工事の適正な施工の確保を阻害する恐れがあることから、施工管理をつかさどっている監理技術者等の工期途中での交代は、当該工事における入札・契約手続きの公平性の確保を踏まえた上で、慎重かつ必要最小限とする必要があり、これが認められる場合としては、監理技術者等の死亡、傷病、出産、育児、介護又は退職等、真にやむを得ない場合のほか、次に掲げる場合等が考えられる。

①　受注者の責によらない理由により工事中止又は工事内容の大幅な変更が発生し、工期が延長された場合

②　橋梁、ポンプ、ゲート、エレベーター、発電機・配電盤等の電機品等の工場製作を含む工事であって、工場から現地へ工事の現場が移行する時点

③　一つの契約工期が多年に及ぶ場合

・　なお、いずれの場合であっても、発注者と元請との協議により、交代の時期は工程上一定の

区切りと認められる時点とするほか、交代前後における監理技術者等の技術力が同等以上に確保されるとともに、工事の規模、難易度等に応じ一定期間重複して工事現場に設置するなどの措置をとることにより、工事の継続性、品質確保等に支障がないと認められることが必要である。

・　また、協議においては、発注者からの求めに応じて、直接建設工事を請け負った建設業者が工事現場に設置する監理技術者等及びその他の技術者の職務分担、本支店等の支援体制等に関する情報を発注者に説明することが重要である。

・　監理技術者から特例監理技術者への変更あるいは特例監理技術者から監理技術者への変更は、工期途中での途中交代には該当しない。一方で、監理技術者が専任から兼務に変わり、監理技術者補佐を新たに専任で設置するなど、施工体制が変更となることから、事前に発注者に説明し理解を得ることが望ましい。

(5)　営業所における専任の技術者と主任技術者又は監理技術者等との関係

・　営業所における専任の技術者は、営業所に常勤して専らその職務に従事することが求められている。

・　ただし、特例として、当該営業所において請負契約が締結された建設工事であって、工事現場の職務に従事しながら実質的に営業所の職務にも従事しうる程度に工事現場と営業所が近接し、当該営業所との間で常時連絡をとりうる体制にあるものについては、所属建設業者と直接的かつ恒常的な雇用関係にある場合に限り、当該工事の専任を要しない主任技術者又は監理技術者となることができる（平成15年4月21日付国総建第18号）。

2－3　監理技術者等の職務

> 主任技術者、監理技術者又は特例監理技術者は、建設工事を適正に実施するため、施工計画の作成、工程管理、品質管理その他の技術上の管理及び施工に従事する者の技術上の指導監督の職務を誠実に行わなければならない。

・　主任技術者、監理技術者又は特例監理技術者の職務は、建設工事の適正な施工を確保する観点から、当該工事現場における建設工事の施工の技術上の管理をつかさどることである。すなわち、建設工事の施工に当たり、施工内容、工程、技術的事項、契約書及び設計図書の内容を把握したうえで、その施工計画を作成し、工事全体の工程の把握、工程変更への適切な対応等具体的な工事の工程管理、品質確保の体制整備、検査及び試験の実施等及び工事目的物、工事仮設物、工事用資材等の品質管理を行うとともに、当該建設工事の施工に従事する者の技術上の指導監督を行うことである（法第26条の4第1項）。

　　また、特例監理技術者は、これらの職務を適正に実施できるよう、監理技術者補佐を適切に指導することが求められる。

・　このように、主任技術者、監理技術者又は特例監理技術者の職務は、建設業法において区別なく示されているが、元請の主任技術者、監理技術者又は特例監理技術者の職務と下請の主任技術者の職務に大きく二分して下表のとおり整理する。これを踏まえ、元請の主任技術者、監理技術者又は特例監理技術者及び下請の主任技術者は職務を誠実に行わなければならない。特

例監理技術者は、これらの職務を監理技術者補佐の補佐を受けて実施することができるが、その場合においても、これらの職務が適正に実施される責務を有することに留意が必要である。監理技術者補佐は、特例監理技術者の指導監督の下、特例監理技術者の職務を補佐することが求められる。また、特例監理技術者が現場に不在の場合においても監理技術者の職務が円滑に行えるよう、監理技術者と監理技術者補佐の間で常に連絡が取れる体制を構築しておく必要がある。

　なお、下請の主任技術者のうち、電気工事、空調衛生工事等において専ら複数工種のマネージメントを行う建設業者の主任技術者は、元請との関係においては下請の主任技術者の役割を担い、下位の下請との関係においては、元請の主任技術者、監理技術者又は特例監理技術者の指導監督の下、元請が策定する施工管理に関する方針等（施工計画書等）を理解した上で、元請のみの役割を除き、元請の主任技術者、監理技術者又は特例監理技術者に近い役割を担う（下表右欄）。

表：主任技術者、監理技術者又は特例監理技術者の職務

	元請の主任技術者、監理技術者又は特例監理技術者	下請の主任技術者	【参考】下請の主任技術者（専ら複数工種のマネージメント）
役割	○請け負った建設工事全体の統括的施工管理	○請け負った範囲の建設工事の施工管理	○請け負った範囲の建設工事の統括的施工管理
施工計画の作成	○請け負った建設工事全体の施工計画書等の作成 ○下請の作成した施工要領書等の確認 ○設計変更等に応じた施工計画書等の修正	○元請が作成した施工計画書等に基づき、請け負った範囲の建設工事に関する施工要領書等の作成 ○元請等からの指示に応じた施工要領書等の修正	○請け負った範囲の建設工事の施工要領書等の作成 ○下請の作成した施工要領書等の確認 ○設計変更等に応じた施工要領書等の修正
工程管理	○請け負った建設工事全体の進捗確認 ○下請間の工程調整 ○工程会議等の開催、参加、巡回※	○請け負った範囲の建設工事の進捗確認 ○工程会議等への参加※	○請け負った範囲の建設工事の進捗確認 ○下請間の工程調整 ○工程会議等への参加※、巡回
品質管理	○請け負った建設工事全体に関する下請からの施工報告の確認、必要に応じた立ち会い確認、事後確認等の実地の確認	○請け負った範囲の建設工事に関する立ち会い確認（原則） ○元請（上位下請）への施工報告	○請け負った範囲の建設工事に関する下請からの施工報告の確認、必要に応じた立ち会い確認、事後確認等の実地の確認
技術的指導	○請け負った建設工事全体における主任技術者の配置等法令遵守や職務遂行の確認 ○現場作業に係る実地の総括的技術指導	○請け負った範囲の建設工事に関する作業員の配置等法令遵守の確認 ○現場作業に係る実地の技術指導	○請け負った範囲の建設工事における主任技術者の配置等法令遵守や職務遂行の確認 ○請け負った範囲の建設工事における現場作業に係る実地の総括的技術指導

※　非専任の場合には、毎日行う会議等への参加は要しないが、要所の工程会議等には参加し、工程管理を行うことが求められる

・　上記の職務の他に、関係法令に基づく職務を監理技術者等が行う場合には、適切にその職務を遂行する必要がある。特に安全管理については、労働安全衛生法（昭和47年6月8日法律第57号）に基づき統括安全衛生責任者等を設置する必要があるが、監理技術者等が兼ねる場合には、適切に行う必要がある。

・　下請の主任技術者の当該工事における職務（専ら複数工種のマネージメントを行い元請の監理技術者等に近い役割を担うかどうか等）について、例えば、建設業法第24条の8の規定に基づき作成する施工体系図の写しを活用して記載し、下請が記載内容を確認するなどにより、元請及び下請の双方が合意した内容を明確にしておく。なお、同条の規定に基づく施工体系図の作成を行わない工事においても、下請の主任技術者の当該工事における職務について、元請及び下請の双方が合意した内容を書面にしておくことが望ましい。

・　建設工事の目的物の一部を構成する工場製品の品質管理について、請負契約により調達したものだけでなく、売買契約（購入）により調達したものであっても、品質に関する責任は、工場製品を製造する企業だけでなく、工場へ注文した下請（又は元請）やその上位の下請、元請にも生ずる。このため、当該工場製品を工場へ注文した下請（又は元請）やその上位の下請、元請の主任技術者等は、工場での工程についても合理的な方法で品質管理を行うことが基本であり、主要な工程の立会い確認や規格品及び認定品に関する品質証明書類の確認などの適宜合理的な方法による品質管理を行う必要がある。

・　工事現場における建設工事の施工に従事する者は、主任技術者、監理技術者又は特例監理技術者がその職務として行う指導に従わなければならない（法第26条の4第2項）。

・　大規模な工事現場等については、監理技術者に求められる役割を一人の監理技術者が直接こなすことは困難であり、良好な施工を確保するためにも、監理技術者を支援する他の技術者を同じ建設業者に所属する技術者の中から配置することが望ましい。ただし、そのような場合も、これらの技術者はあくまでも監理技術者を支援する立場の者であり、一つの工事現場において総括的な立場として一人の監理技術者に情報集約（共同企業体で複数の監理技術者の配置が必要な場合は、それぞれ担当の監理技術者に情報集約）し、監理技術者はこれらの他の技術者の職務を総合的に掌握するとともに指導監督する必要がある。この場合において、適正な施工を確保する観点から、個々の技術者の職務分担を明確にしておく必要があり、発注者から請求があった場合は、その職務分担等について、発注者に説明することが重要である。

・　現場代理人は、請負契約の的確な履行を確保するため、工事現場の取締りのほか、工事の施工及び契約関係事務に関する一切の事項を処理するものとして工事現場に置かれる請負者の代理人であり、監理技術者等との密接な連携が適正な施工を確保する上で必要不可欠である。なお、監理技術者等と現場代理人はこれを兼ねることができる（公共工事標準請負契約約款第10条）。

2—4　監理技術者等の雇用関係

　建設工事の適正な施工を確保するため、監理技術者等については、当該建設業者と直接的かつ恒常的な雇用関係にある者であることが必要であり、このような雇用関係は、資格者証又は健康保険被保険者証等に記載された所属建設業者名及び交付日により確認できることが必要である。

Ⅱ　その他法令遵守に参考となる資料

(1)　監理技術者等に求められる雇用関係
・　建設工事の適正な施工を確保するため、監理技術者等は所属建設業者と直接的かつ恒常的な雇用関係にあることが必要である。また、建設業者としてもこのような監理技術者等を設置して適正な施工を確保することが、当該建設業者が技術と経営に優れた企業として評価されることにつながる。
・　発注者は設計図書の中で雇用関係に関する条件や雇用関係を示す書面の提出義務を明示するなど、あらかじめ雇用関係の確認に関する措置を定め、適切に対処することが必要である。

(2)　直接的な雇用関係の考え方
・　直接的な雇用関係とは、監理技術者等とその所属建設業者との間に第三者の介入する余地のない雇用に関する一定の権利義務関係（賃金、労働時間、雇用、権利構成）が存在することをいい、資格者証、健康保険被保険者証又は市区町村が作成する住民税特別徴収税額通知書等によって建設業者との雇用関係が確認できることが必要である。したがって、在籍出向者、派遣社員については直接的な雇用関係にあるとはいえない。
・　直接的な雇用関係であることを明らかにするため、資格者証には所属建設業者名が記載されており、所属建設業者名の変更があった場合には、30日以内に指定資格者証交付機関に対して記載事項の変更を届け出なければならない（規則第17条の33第1項及び第17条の34第1項）。
・　指定資格者証交付機関は、資格者証への記載に当たって、所属建設業者との直接的かつ恒常的な雇用関係を、健康保険被保険者証、市区町村が作成する住民税特別徴収税額通知書により確認しているが、資格者証中の所属建設業者の記載や主任技術者の雇用関係に疑義がある場合は、同様の方法等により行う必要がある。具体的には、
①　本人に対しては健康保険被保険者証
②　建設業者に対しては健康保険被保険者標準報酬決定通知書、市区町村が作成する住民税特別徴収税額通知書、当該技術者の工事経歴書
の提出を求め確認するものとする。

(3)　恒常的な雇用関係の考え方
・　恒常的な雇用関係とは、一定の期間にわたり当該建設業者に勤務し、日々一定時間以上職務に従事することが担保されていることに加え、監理技術者等と所属建設業者が双方の持つ技術力を熟知し、建設業者が責任を持って技術者を工事現場に設置できるとともに、建設業者が組織として有する技術力を、技術者が十分かつ円滑に活用して工事の管理等の業務を行うことができることが必要であり、特に国、地方公共団体及び公共法人等（法人税法（昭和40年法律第34号）別表第一に掲げる公共法人（地方公共団体を除く。）及び、首都高速道路株式会社、新関西国際空港株式会社、東京湾横断道路の建設に関する特別措置法（昭和61年法律第45号）第2条第1項に規定する東京湾横断道路建設事業者、中日本高速道路株式会社、成田国際空港株式会社、西日本高速道路株式会社、阪神高速道路株式会社、東日本高速道路株式会社及び本州四国連絡高速道路株式会社）が発注する建設工事（以下「公共工事」という。）において、発注者から直接請け負う建設業者の専任の主任技術者、専任の監理技術者、特例監理技術者又は監理技術者補佐については、所属建設業者から入札の申込のあった日（指名競争に付す場合であって入札の申込を伴わないものにあっては入札の執行日、随意契約による場合にあっては見

積書の提出のあった日）以前に３ヶ月以上の雇用関係にあることが必要である。

なお、震災等の自然災害の発生又はその恐れにより、最寄りの建設業者により即時に対応することが、その後の被害の発生又は拡大を防止する観点から最も合理的であって、当該建設業者に要件を満たす技術者がいない場合など、緊急の必要その他やむを得ない事情がある場合については、この限りではない。

・ 恒常的な雇用関係については、資格者証の交付年月日若しくは変更履歴又は健康保険被保険者証の交付年月日等により確認できることが必要である。

・ 但し、合併、営業譲渡又は会社分割等の組織変更に伴う所属建設業者の変更（契約書又は登記簿の謄本等により確認）があった場合には、変更前の建設業者と３ヶ月以上の雇用関係にある者については、変更後に所属する建設業者との間にも恒常的な雇用関係にあるものとみなす。また、震災等の自然災害の発生又はその恐れにより、最寄りの建設業者により即時に対応することが、その後の被害の発生又は拡大を防止する観点から最も合理的であって、当該建設業者に要件を満たす技術者がいない場合など、緊急の必要その他やむを得ない事情がある場合については、この限りではない。

・ また、雇用期間が限定されている継続雇用制度（再雇用制度、勤務延長制度）の適用を受けている者については、その雇用期間にかかわらず、常時雇用されている（＝恒常的な雇用関係にある）ものとみなす。

(4) 持株会社化等による直接的かつ恒常的な雇用関係の取扱い

・ 建設業を取り巻く経営環境の変化等に対応するため、建設業者が営業譲渡や会社分割をした場合や持株会社化等により企業集団を形成している場合及び官公需適格組合の場合における建設業者と監理技術者等との間の直接的かつ恒常的な雇用関係の取扱いの特例について、次の通り定めている。

① 建設業者の営業譲渡又は会社分割に係る主任技術者又は監理技術者の直接的かつ恒常的な雇用関係の確認の事務取扱いについて（平成13年５月30日付、国総建第155号）

② 持株会社の子会社が置く主任技術者又は監理技術者の直接的かつ恒常的な雇用関係の確認の取扱いについて（改正）（平成28年12月19日付、国土建第349号）

③ 親会社及びその連結子会社の間の出向社員に係る主任技術者又は監理技術者の直接的かつ恒常的な雇用関係の取扱い等について（改正）（平成28年５月31日付、国総建第119号）

④ 官公需適格組合における組合員からの在籍出向者たる監理技術者又は主任技術者の直接的かつ恒常的な雇用関係の取扱い等について（試行）（平成28年３月24日付、国土建第483号）

3　監理技術者等の工事現場における専任

主任技術者又は監理技術者は、公共性のある工作物に関する重要な工事に設置される場合には、工事現場ごとに専任の者でなければならない。

特例監理技術者を設置する場合は、当該工事現場に設置する監理技術者補佐は専任の者でなければならない。

法第26条の３の規定を利用して設置する特定専門工事の元請等の主任技術者は、専任の者でなければならない。

専任とは、他の工事現場に係る職務を兼務せず、常時継続的に当該工事現場に係る職務にのみ従事していることをいう。

元請については、施工における品質確保、安全確保等を図る観点から、主任技術者、監理技術者又は監理技術者補佐を専任で設置すべき期間が、発注者と建設業者の間で設計図書もしくは打合せ記録等の書面により明確となっていることが必要である。

(1)　工事現場における監理技術者等の専任の基本的な考え方

・　主任技術者又は監理技術者は、公共性のある施設若しくは工作物又は多数の者が利用する施設若しくは工作物に関する重要な建設工事については、より適正な施工の確保が求められるため、工事現場ごとに専任の者でなければならない（法第26条第3項）。

・　特例監理技術者を複数の工事現場で兼務させる場合、適正な施工の確保を図る観点から、当該工事現場ごとに監理技術者補佐を専任で置かなければならない。

なお、特例監理技術者が兼務できる工事現場数は2とされている（法第26条第4項、令第29条）。兼務できる工事現場の範囲は、工事内容、工事規模及び施工体制等を考慮し、主要な会議への参加、工事現場の巡回、主要な工程の立ち会いなど、元請としての職務が適正に遂行できる範囲とする。この場合、情報通信技術の活用方針や、監理技術者補佐が担う業務等について、あらかじめ発注者に説明し理解を得ることが望ましい。なお、特例監理技術者が工事の施工の管理について著しく不適当であり、かつ、その変更が公益上必要と認められるときは、国土交通大臣又は都道府県知事から特例監理技術者の変更を指示することができる（法第28条第1項第五号）。

・　特定専門工事において、元請等の主任技術者は、直接契約を締結した下請（建設業者である下請に限る。）に主任技術者を置かない場合、適正な施工を確保する観点から、工事現場ごとに専任の者を置くこと等を求めている（法第26条の3第1項、第2項、第6項）。

・　専任とは、他の工事現場に係る職務を兼務せず、常時継続的に当該工事現場に係る職務にのみ従事していること意味するものであり、必ずしも当該工事現場への常駐（現場施工の稼働中、特別の理由がある場合を除き、常時継続的に当該工事現場に滞在していること）を必要とするものではない。

したがって、専任の主任技術者、監理技術者又は監理技術者補佐は、技術研鑽のための研修、講習、試験等への参加、休暇の取得、その他の合理的な理由で短期間工事現場を離れることについては、適切な施工ができる体制を確保する（例えば、必要な資格を有する代理の技術者を配置する、工事の品質確保等に支障の無い範囲において、連絡を取りうる体制及び必要に応じて現場に戻りうる体制を確保する等）とともに、その体制について、元請の主任技術者、監理技術者又は監理技術者補佐の場合は発注者、下請の主任技術者の場合は元請又は下請の了解を得ていることを前提として、差し支えない。

なお、適切な施工ができる体制の確保にあたっては、主任技術者又は監理技術者が、建設工事の施工の技術上の管理をつかさどる者であることに変わりはないことに留意し、主任技術者、監理技術者又は特例監理技術者が担う役割に支障が生じないようにする必要がある。

この際、例えば必要な資格を有する代理の技術者の配置等により適切な施工ができると判断される場合には、現場に戻りうる体制を確保することは必ずしも要しないなど、監理技術者等

の研修等への参加や休暇の取得等を不用意に妨げることのないように配慮すべきである。さらには、建設業におけるワーク・ライフ・バランスの推進や女性の一層の活躍の観点からも、監理技術者等が育児等のために短時間現場を離れることが可能となるような体制を確保する等、監理技術者等の適正な配置等に留意すべきである。

　なお、特定専門工事における元請等の主任技術者については、直接契約を締結した下請の主任技術者としての職務も担っていることから、短期間工事現場を離れる場合などの施工体制の確保については、元請等のみならず、当該下請としての技術者の役割についても支障が生じないよう留意する必要がある。

・　「公共性のある施設若しくは工作物又は多数の者が利用する施設若しくは工作物に関する重要な建設工事」とは、次の各号に該当する建設工事で工事1件の請負代金の額が3,500万円（建築一式工事の場合は7,000万円）以上のものをいう（建設業法施行令（昭和31年政令第273号。以下、「令」という。）第27条第1項）。

① 　国又は地方公共団体が注文者である施設又は工作物に関する建設工事

② 　鉄道、軌道、索道、道路、橋、護岸、堤防、ダム、河川に関する工作物、砂防用工作物、飛行場、港湾施設、漁港施設、運河、上水道又は下水道に関する建設工事

③ 　電気事業用施設（電気事業の用に供する発電、送電、配電又は変電その他の電気施設をいう。）又はガス事業用施設（ガス事業の用に供するガスの製造又は供給のための施設をいう。）に関する建設工事

④ 　石油パイプライン事業法第5条第2項第2号に規定する事業用施設、電気通信事業法第2条第5号に規定する電気通信事業者が同条第4号に規定する電気通信事業の用に供する施設、放送法第2条第23号に規定する基幹放送事業者又は同条第24号に規定する基幹放送局提供事業者が同条第1号に規定する放送の用に供する施設（鉄骨造又は鉄筋コンクリート造の塔その他これに類する施設に限る。）、学校、図書館、美術館、博物館又は展示場、社会福祉法第2条第1項に規定する社会福祉事業の用に供する施設、病院又は診療所、火葬場、と畜場又は廃棄物処理施設、熱供給事業法第2条第4項に規定する熱供給施設、集会場又は公会堂、市場又は百貨店、事務所、ホテル又は旅館、共同住宅、寄宿舎又は下宿、公衆浴場、興行場又はダンスホール、神社、寺院又は教会、工場、ドック又は倉庫、展望塔に関する建設工事

・　事務所・病院等の施設又は工作物と戸建て住宅を兼ねたもの（以下「併用住宅」という。）について、併用住宅の請負代金の総額が7,000万円以上（建築一式工事の場合）である場合であっても、以下の2つの条件を共に満たす場合には、戸建て住宅と同様であるとみなして、主任技術者又は監理技術者の専任配置を求めない。

① 　事務所・病院等の非居住部分（併用部分）の床面積が延べ面積の1／2以下であること。

② 　請負代金の総額を居住部分と併用部分の面積比に応じて按分して求めた併用部分に相当する請負金額が、専任要件の金額基準である7,000万円未満（建築一式工事の場合）であること。

　なお、併用住宅であるか否かは、建築基準法第6条の規定に基づき交付される建築確認済証により判別する。また、居住部分と併用部分の面積比は、建築確認済証と当該確認済証に添付される設計図書により求め、これと請負契約書の写しに記載される請負代金の額を基に、請負総額を居住部分と併用部分の面積比に応じて按分する方法により、併用部分の請負金額を求め

ることとする。

(2)　監理技術者等の専任期間

・　元請が、主任技術者、監理技術者又は監理技術者補佐を工事現場に専任で設置すべき期間は契約工期が基本となるが、たとえ契約工期中であっても次に掲げる期間については工事現場への専任は要しない。ただし、いずれの場合も、発注者と建設業者の間で次に掲げる期間が設計図書もしくは打合せ記録等の書面により明確となっていることが必要である。

①　請負契約の締結後、現場施工に着手するまでの期間（現場事務所の設置、資機材の搬入又は仮設工事等が開始されるまでの間。）

②　工事用地等の確保が未了、自然災害の発生又は埋蔵文化財調査等により、工事を全面的に一時中止している期間

③　橋梁、ポンプ、ゲート、エレベーター、発電機・配電盤等の電機品等の工場製作を含む工事全般について、工場製作のみが行われている期間

④　工事完成後、検査が終了し（発注者の都合により検査が遅延した場合を除く。）、事務手続、後片付け等のみが残っている期間

　なお、工場製作の過程を含む工事の工場製作過程においても、建設工事を適正に施工するため、主任技術者又は監理技術者がこれを管理する必要があるが、当該工場製作過程において、同一工場内で他の同種工事に係る製作と一元的な管理体制のもとで製作を行うことが可能である場合は、同一の主任技術者又は監理技術者がこれらの製作を一括して管理することができる。

・　下請工事においては、施工が断続的に行われることが多いことを考慮し、専任の必要な期間は、下請工事が実際に施工されている期間とする。

・　元請の主任技術者、監理技術者又は監理技術者補佐については、前述の工事現場への専任を要しない期間①から④のうち、②（工事用地等の確保が未了、自然災害の発生又は埋蔵文化財調査等により、工事を全面的に一時中止している期間）に限って、発注者の承諾があれば、発注者が同一の他の工事（元の工事の専任を要しない期間内に当該工事が完了するものに限る）の専任の主任技術者、監理技術者又は監理技術者補佐として従事することができる。その際、元の工事の専任を要しない期間における災害等の非常時の対応方法（元の工事の主任技術者、監理技術者又は監理技術者補佐は他の工事の専任の主任技術者、監理技術者又は監理技術者補佐として従事しているため、同じ建設業者に所属する別の技術者による対応とするなどの留意が必要）について、発注者の承諾を得る必要がある。

　下請の主任技術者については、工事現場への専任を要しない期間（担当する下請工事が実際に施工されていない期間）に限って、発注者、元請及び上位の下請の全ての承諾があれば、発注者、元請及び上位の下請の全てが同一の他の工事（元の工事の専任を要しない期間内に当該工事が完了するものに限る）の専任の主任技術者として従事することができる。その際、元の工事の専任を要しない期間における災害等の非常時の対応方法（元の工事の主任技術者は他の工事の専任の主任技術者として従事しているため、同じ建設業者に所属する別の技術者による対応とするなどの留意が必要）について発注者、元請及び上位の下請全ての承諾を得る必要がある。

・　また、例えば下水道工事と区間の重なる道路工事を同一あるいは別々の主体が発注する場合

など、密接な関連のある2以上の工事を同一の建設業者が同一の場所又は近接した場所において施工する場合は、同一の専任の主任技術者がこれらの工事を管理することができる（令第27条第2項）。これについては、当面の間、以下のとおり取り扱う。ただし、この規定は、専任の監理技術者については適用されない。

① 工事の対象となる工作物に一体性若しくは連続性が認められる工事又は施工にあたり相互に調整を要する工事で、かつ、工事現場の相互の間隔が10km程度の近接した場所において同一の建設業者が施工する場合には、令第27条第2項が適用される場合に該当する。なお、施工にあたり相互に調整を要する工事について、資材の調達を一括で行う場合や工事の相当の部分を同一の下請で施工する場合等も含まれると判断して差し支えない。

② ①の場合において、一の主任技術者が管理することができる工事の数は、専任が必要な工事を含む場合は、原則2件程度とする。

③ ①及び②の適用に当たっては、法第26条第3項が、公共性のある施設又は多数の者が利用する施設等に関する重要な工事について、より適正な施工を確保するという趣旨で設けられていることにかんがみ、個々の工事の難易度や工事現場相互の距離等の条件を踏まえて、各工事の適正な施工に遺漏なきよう発注者が適切に判断することが必要である。また、本運用により、土木工事以外の建築工事等においても活用が見込まれ、民間発注者による工事も含まれる。

・ このほか、同一あるいは別々の発注者が、同一の建設業者と締結する契約工期の重複する複数の請負契約に係る工事であって、かつ、それぞれの工事の対象となる工作物等に一体性が認められるもの（当初の請負契約以外の請負契約が随意契約により締結される場合に限る。）については、全体の工事を当該建設業者が設置する同一の監理技術者等が掌握し、技術上の管理を行うことが合理的であると考えられることから、これら複数の工事を一の工事とみなして、同一の監理技術者等が当該複数工事全体を管理することができる。この場合、これら複数工事に係る下請金額の合計を4,000万円（建築一式工事の場合は6,000万円）以上とするときは特定建設業の許可が必要であり、工事現場には監理技術者又は特例監理技術者を設置しなければならない。また、これら複数工事に係る請負代金の額の合計が3,500万円（建築一式工事の場合は7,000万円）以上となる場合、主任技術者、監理技術者又は監理技術者補佐はこれらの工事現場に専任の者でなければならない。

・ なお、フレックス工期（建設業者が一定の期間内で工事開始日を選択することができ、これが書面により手続上明確になっている契約方式に係る工期をいう。）を採用した工事又は余裕期間を設定した工事（発注者が余裕期間（発注者が発注書類において6ヶ月を超えない等の範囲で設定する工事着手前の期間をいう）の範囲で工事開始日を指定する工事又は受注者が発注者の指定した余裕期間内で工事開始日を選択する工事）においては、工事開始日をもって契約工期の開始日とみなし、契約締結日から工事開始日までの期間は、監理技術者等を設置することを要しない。

4 監理技術者資格者証及び監理技術者講習修了証の携帯等

専任の監理技術者又は特例監理技術者は、資格者証の交付を受けている者であって、監理技術者講習を過去5年以内に受講したもののうちから、これを選任しなければならない。また、

当該監理技術者又は特例監理技術者は、発注者等から請求があったときは資格者証を提示しなければならず、当該建設工事に係る職務に従事しているときは、常時これらを携帯している必要がある。また、監理技術者講習修了履歴（以下、「修了履歴」という。）についても、発注者等から提示を求められることがあるため、監理技術者講習修了後、修了履歴のラベルを資格者証の裏面に貼付することとしている。

(1)　**資格者証制度及び監理技術者講習制度の適用範囲**
・　専任の監理技術者又は特例監理技術者は、資格者証の交付を受けている者であって、監理技術者講習を受講したもののうちから選任しなければならない（法第26条第5項）。

(2)　**資格者証に関する規定**
・　資格者証は、公共性のある施設若しくは工作物又は多数の者が利用する施設若しくは工作物に関する重要な建設工事については、当該建設工事の監理技術者又は特例監理技術者が所定の資格を有しているかどうか、監理技術者としてあらかじめ定められた本人が専任で職務に従事しているかどうか、工事を施工する建設業者と直接的かつ恒常的な雇用関係にある者であるかどうか等を確認するために活用されている。建設業者に選任された監理技術者又は特例監理技術者は、発注者等から請求があった場合は、資格者証を提示しなければならない（法第26条第6項）。
・　監理技術者又は特例監理技術者になり得る者は、指定資格者証交付機関に申請することにより資格者証の交付を受けることができる。監理技術者又は特例監理技術者になり得る者は、指定建設業7業種については、一定の国家資格者又は国土交通大臣認定者に限られるが、指定建設業以外の22業種については、一定の国家資格者、国土交通大臣認定者のほか、一定の指導監督的な実務経験を有する者も監理技術者又は特例監理技術者になり得る。
・　資格者証の交付及びその更新に関する事務を行う指定資格者証交付機関として一般財団法人建設業技術者センターが指定されている。
・　資格者証には、本人の顔写真の他に次の事項が記載され（法第27条の18第2項、規則第17条の33）、様式は図―1に示すものとなっている（監理技術者と特例監理技術者の資格者証は同じ。）。
　①　交付を受ける者の氏名、生年月日、本籍及び住所
　②　最初に資格者証の交付を受けた年月日
　③　現に所有する資格者証の交付を受けた年月日
　④　交付を受ける者が有する監理技術者資格
　⑤　建設業の種類
　⑥　資格者証交付番号
　⑦　資格者証の有効期間の満了する日
　⑧　所属建設業者名
　⑨　監理技術者講習を修了した場合はその旨

(3)　**監理技術者講習に関する規定**

- 　監理技術者又は特例監理技術者は常に最新の法律制度や技術動向を把握しておくことが必要であることから、専任の監理技術者又は特例監理技術者として選任されている期間中のいずれの日においても、講習を修了した日から5年を経過することのないように監理技術者講習を受講していなければならない。なお、令和3年1月1日以降は、監理技術者講習の有効期限の起算日が講習を受講した日の属する年の翌年の1月1日となり、同日から5年後の12月31日が監理技術者講習の有効期限となる（規則第17条の17）。
- 　なお、監理技術者補佐についても、監理技術者を適切に補佐し、資質の向上を図る観点から、監理技術者講習を受講することが望ましい。
- 　監理技術者講習は、所定の要件を満たすことにより国土交通大臣の登録を受けた者（以下、「登録講習機関」という。）が実施し、監理技術者又は特例監理技術者として従事するために必要な事項として
  ① 　建設工事に関する法律制度
  ② 　建設工事の施工計画の作成、工程管理、品質管理その他の技術上の管理
  ③ 　建設工事に関する最新の材料、資機材及び施工方法
  に関し最新の事例を用いて、講義と試験によって行われるものである。受講希望者はいずれかの登録講習機関に受講の申請を行うことにより講習を受講することができる。
- 　各登録講習機関から講習の修了者に対し交付される修了履歴の様式は図—2に示すものとなっており（規則第17条の9）、講習の修了を証明するものとして発注者等から提示を求められることがあるため、監理技術者講習修了後、修了履歴のラベルを資格者証の裏面に貼付することとしている。
- 　なお、平成28年6月1日以降に資格者証又は修了履歴の交付を受けるまでは、従前どおり、監理技術者講習修了証を携帯しておくことが望ましい。

5　施工体制台帳の整備と施工体系図の作成

> 　発注者から直接建設工事を請け負った特定建設業者は、その工事を施工するために締結した下請金額の総額が4,000万円（建築一式工事の場合は6,000万円）以上となる場合には、工事現場ごとに監理技術者、特例監理技術者又は監理技術者補佐（特例監理技術者を設置する場合）を設置するとともに、建設工事を適正に施工するため、建設業法により義務付けられている施工体制台帳の整備及び施工体系図の作成を行うこと等により、建設工事の施工体制を的確に把握する必要がある。

(1)　施工体制台帳の整備

- 　発注者から直接建設工事を請け負った特定建設業者は、その下請が建設業法等の関係法令に違反しないよう指導に努めなければならない（法第24条の7）。このような下請に対する指導監督を行うためには、まず、特定建設業者とりわけその監理技術者又は特例監理技術者が建設工事の施工体制を的確に把握しておく必要がある。
- 　そこで、発注者から直接建設工事を請け負った特定建設業者で当該建設工事を施工するために総額4,000万円（建築一式工事の場合は6,000万円）以上の下請契約を締結したものは、下請に対し、再下請負を行う場合は再下請負通知を行わなければならない旨を通知するとともに掲

示しなければならない（規則第14条の３）。また、下請から提出された再下請負通知書等に基づき施工体制台帳を作成し、工事現場ごとに備え付けなければならない（法第24条の８第１項）。

　施工体制台帳を作成した特定建設業者は、発注者から請求があったときは、施工体制台帳をその発注者の閲覧に供しなければならない（法第24条の８第３項）。公共工事の受注者は、下請金額にかかわらず、施工体制台帳を作成し、工事現場ごとに備え付けなければならない（入札契約適正化法第15条第１項）。また、発注者から請求があったときに施工体制台帳を発注者の閲覧に供することに代えて、作成した施工体制台帳の写しを発注者に提出しなければならない（入札契約適正化法第15条第２項）。さらに、公共工事の受注者は、発注者から施工体制が施工体制台帳の記載と合致しているかどうかの点検を求められたときはこれを受けることを拒んではならない（入札契約適正化法第15条第３項）。

(2)　施工体系図の作成

・　下請業者も含めた全ての工事関係者が建設工事の施工体制を把握する必要があること、建設工事の施工に対する責任と工事現場における役割分担を明確にすること、技術者の適正な設置を徹底すること等を目的として、施工体制台帳を作成する特定建設業者は、当該建設工事に係るすべての建設業者名、技術者名等を記載し工事現場における施工の分担関係を明示した施工体系図を作成し、これを当該工事現場の見やすい場所に、公共工事においては工事関係者が見やすい場所及び公衆が見やすい場所に掲げなければならないことが定められている（法第24条の８第４項、入札契約適正化法第15条第１項）。

6　工事現場への標識の掲示

　建設工事の責任の所在を明確にすること等のため、発注者から直接建設工事を請け負った建設業者は、建設工事の現場ごとに、建設業許可に関する事項のほか、監理技術者等の氏名、専任の有無、資格名、資格者証交付番号等を記載した標識を、公衆の見やすい場所に掲げなければならない。

・　建設業法による許可を受けた適正な業者によって建設工事の施工がなされていることを対外的に明らかにすること、多数の建設業者が同時に施工に携わるため、安全施工、災害防止等の責任が曖昧になりがちであるという建設工事の実態に鑑み対外的に建設工事の責任主体を明確にすること等を目的として、発注者から直接建設工事を請け負った建設業者は、建設工事の現場ごとに、公衆の見やすい場所に標識を掲げなければならない（法第40条）。
・　現場に掲げる標識には、建設業許可に関する事項のほか、主任技術者、監理技術者又は特例監理技術者の氏名、専任の有無（監理技術者補佐を配置している場合はその旨）、資格名、資格者証交付番号等を記載することとされており、図―３の様式となる（規則第25条第１項、第２項）。建設業者は、この様式の標識を掲示することにより、監理技術者等の資格を明確にするとともに、資格者証の交付を受けている者が設置されていること等を明らかにする必要がある。

7　建設業法の遵守

> 　建設業法は、建設業を営む者の資質の向上、建設工事の請負契約の適正化等を図ることによって、建設工事の適正な施工を確保し、発注者を保護するとともに、建設業の健全な発展を促進し、もって公共の福祉の増進に寄与することを目的に定められたものである。したがって、建設業者は、この法律を遵守すべきことは言うまでもないが、行政担当部局は、建設業法の遵守について、適切に指導を行う必要がある。

・　法第１条においては、建設業法の目的として
　「この法律は、建設業を営む者の資質の向上、建設工事の請負契約の適正化等を図ることによって、建設工事の適正な施工を確保し、発注者を保護するとともに、建設業の健全な発展を促進し、もって公共の福祉の増進に寄与することを目的とする。」
　と規定しており、建設業者は、この法律を遵守する必要がある。また、行政担当部局は、建設業法の遵守について、建設業者等に対して適切に指導を行う必要がある。
・　特に、法第41条においては、建設工事の適正な施工を確保するため、国土交通大臣又は都道府県知事が建設業者に対して必要な指導、助言等を行うことができることを規定している。また、法第28条第１項及び第４項では、建設業者が建設業法や他の法令の規定に違反した場合等において、当該建設業者に対して、監督処分として必要な指示を行うことができ、同条第３項及び第５項では、この指示に違反した場合等において、営業の全部又は一部の停止を命ずることができる。さらに、この営業の停止の処分に違反した場合等において、建設業の許可を取り消すこととしている。
・　さらに、法第41条の２においては、建設工事の不適切な施工があった場合において、その原因が建設資材に起因すると認めるときは、国土交通大臣又は都道府県知事が当該建設資材を引き渡した建設資材製造業者等に対して、再発防止を図るため適当な措置をとるべきことを勧告することができ、これに従わなかったときは公表及び命令することができることを規定している。

図—1　資格者証の様式

（表面）

```
氏名　　　　　　　　　　　　　　　　　　年　月　日生　本籍
住所
初回交付　　　　年　月　日　交付　　　年　月　日
交　付　番　号　第　　　　　　　　　　号

監理技術者資格者証
令和　　年　月　日　　まで有効
国 土 交 通 大 臣
指定資格者証交付機関代表者　　印

所属建設業者　　　　　　　　　　許可番号
有する資格
建設業の種類　土建大左と石屋電管タ鋼筋舗しゅ板ガ塗防内機絶通園井具水消清解
有・無

写真
```

53.92ミリメートル以上
54.03ミリメートル以下

85.47ミリメートル以上
85.72ミリメートル以下

（裏面）

```
監理技術者講習修了履歴
修了番号：第　　　　　号　修了年月日：
氏名：　　　　　　　　　生年月日：
講習実施機関名：　　　　　　　　　印

資格者証備考
```

備考
1　「本籍」の欄は、本籍地の所在する都道府県名（日本の国籍を有
　しない者にあつては、その者が有する国籍）を記載すること。
2　磁気ストライプを埋め込むこと。

図―2　修了証の様式

監理技術者講習修了履歴	修了番号：第　　　　　　号　修了年月日：	
	氏名：　　　　　　　　　　　　　生年月日：	
	講習実施機関名：　　　　　　　　　　　　　印	

備考
　　監理技術者講習修了後、監理技術者資格者証が発行された場合は、本ラベルを監理技術者資格者証上部に貼付すること。

図―3　工事現場に掲げる標識の様式

建　設　業　の　許　可　票			
商　号　又　は　名　称			
代　表　者　の　氏　名			
主任技術者の氏名	専　任　の　有　無		
資　格　名	資格者証交付番号		
一般建設業又は特定建設業の別			
許　可　を　受　け　た　建　設　業			
許　　可　　番　　号	国土交通大臣 知事　　許可（　　）第　　　　号		
許　可　年　月　日			

（縦 25cm以上、横 35cm以上）

記載要領
　1　「主任技術者の氏名」の欄は、法第26条第2項の規定に該当する場合には、「主任技術者の氏名」を「監理技術者の氏名」とし、その監理技術者の氏名を記載すること。
　2　「専任の有無」の欄は、法第26条第3項本文の規定に該当する場合に、「専任」と記載し、同項ただし書に該当する場合には、「非専任（監理技術者を補佐する者を配置)」と記載すること。
　3　「資格名」の欄は当該主任技術者又は監理技術者が法第7条第2号ハ又は法第15条第2号イに該当する者である場合に、その者が有する資格等を記載すること。
　4　「資格者証交付番号」の欄は、法第26条第5項に該当する場合に、当該監理技術者が有する資格者証の交付番号を記載すること。
　5　「許可を受けた建設業」の欄には、当該建設工事の現場で行っている建設工事に係る許可を受けた建設業を記載すること。
　6　「国土交通大臣
　　　　　　知事」については、不要のものを消すこと。

(3) 監理技術者又は主任技術者となり得る国家資格等

【監理技術者又は主任技術者となり得る国家資格等①】

資格区分	証明書	種類	種別	土木	建築	大工	左官	とび・土工	石	屋根	電気	管	タイル・れんが・ブロック	鋼構造物	鉄筋	舗装	しゅんせつ	板金	ガラス	塗装	防水	内装仕上	機械器具設置	熱絶縁	電気通信	造園	さく井	建具	水道施設	消防施設	清掃施設	解体工事※1
建設業法 [技術検定]	合格証明書	1級建設機械施工技士		◎				◎								◎																○※2
		2級建設機械施工技士（第1種～第6種）		○				○								○																○※2
		1級土木施工管理技士		◎				◎	◎					◎		◎	◎			◎									◎			◎※2
		2級土木施工管理技士	土木	○				○	○					○		○	○												○			○※2
			鋼構造物塗装																	○												
			薬液注入					○																								
		1級建築施工管理技士			◎	◎	◎	◎	◎	◎			◎	◎	◎			◎	◎	◎	◎	◎		◎				◎				◎※2
		2級建築施工管理技士	建築		○																											
			躯体			○		○						○	○																	○※2
			仕上げ				○		○	○			○					○	○	○	○	○		○				○				
		1級電気工事施工管理技士									◎																					
		2級電気工事施工管理技士									○																					
		1級管工事施工管理技士										◎																				
		2級管工事施工管理技士										○																				
		1級電気通信工事施工管理技士																							◎							
		2級電気通信工事施工管理技士																							○							
		1級造園施工管理技士																								◎						
		2級造園施工管理技士																								○						
建築士法 [建築士試験]	免許証	1級建築士			◎	◎				◎			◎	◎								◎										
		2級建築士			○	○				○			○									○										
		木造建築士				○																										
技術士法 [技術士試験]	登録証	建設・総合技術監理（建設）		◎				◎								◎	◎															◎※2
		建設「鋼構造及びコンクリート」・総合技術監理（建設「鋼構造及びコンクリート」）		◎										◎																		◎※2
		農業「農業農村工学」・総合技術監理（農業「農業農村工学」）		◎																												
		電気電子・総合技術監理（電気電子）									◎														◎							
		機械・総合技術監理（機械）																					◎									
		機械「熱・動力エネルギー機器」又は「流体機器」・総合技術監理（機械「熱・動力エネルギー機器」又は「流体機器」）										◎											◎									
		上下水道・総合技術監理（上下水道）																											◎			
		上下水道「上水道及び工業用水道」・総合技術監理（上下水道「上水道及び工業用水道」）										◎																	◎			
		水産「水産土木」・総合技術監理（水産「水産土木」）		◎													◎												◎			

法令	種別	資格区分	実務経験
		森林「林業・林産」・総合技術監理（森林「林業・林産」）	
		森林「森林土木」・総合技術監理（森林「森林土木」）	
		衛生工学・総合技術監理（衛生工学）	
		衛生工学「水質管理」・総合技術監理（衛生工学「水質管理」）	
		衛生工学「廃棄物・資源循環」・総合技術監理（衛生工学「廃棄物・資源循環」）	
電気工事士法「電気工事士試験」	免状	第1種電気工事士	
		第2種電気工事士	実務経験 3年
電気事業法「電気主任技術者国家試験等」	免状	電気主任技術者（1種・2種・3種）	実務経験 5年
電気通信事業法「電気通信主任技術者試験」	資格者証	電気通信主任技術者	実務経験 5年
電気通信事業法「工事担任者」	資格者証	工事担任者資格者証（第一級アナログ通信及び第一級デジタル通信の両方）の交付を受けた者（注8）	実務経験 3年 ※資格者証交付後
	資格者証	工事担任者資格者証（総合通信）の交付を受けた者（注8）	実務経験 3年 ※資格者証交付後
水道法「給水装置工事主任技術者試験」	免状	給水装置工事主任技術者	実務経験 1年
消防法「消防設備士試験」	免状	甲種消防設備士	
		乙種消防設備士	
職業能力開発促進法「技能検定」	合格証書	建築大工	
		型枠施工	
		左官	
		とび・とび工	
		コンクリート圧送施工	
		ウェルポイント施工	
		冷凍空調和機器施工・空気調和設備配管	
		給排水衛生設備配管	
		配管（選択科目「建築配管作業」）・配管工	
		建築板金（選択科目「ダクト板金作業」）	
		タイル張り・タイル張り工	
		築炉・築炉工・れんが積み	
		ブロック建築・ブロック建築工・コンクリート積みブロック施工	
		石工・石材施工・石積み	
		鉄工（選択科目「製缶作業」又は「構造物鉄工作業」）・製罐	
		鉄筋組立て・鉄筋施工（選択科目「鉄筋施工図作成作業」及び「鉄筋組立て作業」）	
		工場板金	
		板金（選択科目「建築板金作業」・建築板金（内外装板金作業）・板金工（選択科目「建築板金作業」）	
		板金・板金工・打出し板金	
		かわらぶき・スレート施工	
		ガラス施工	

		塗装・木工塗装・木工塗装工												○									
		建築塗装・建築塗装工												○									
		金属塗装・金属塗装工												○									
		噴霧塗装												○									
		路面標示施工												○									
		畳製作・畳工													○								
		内装仕上げ施工・カーテン施工・天井仕上げ施工・床仕上げ施工・表装・表具・表具工													○								
		熱絶縁施工														○							
		建具製作・建具工・木工（選択科目「建具製作作業」）・カーテンウォール施工・サッシ施工																		○			
		造園																○					
		防水施工													○								
		さく井																	○				
		地すべり防止工事（注2）　　　　　　　　　　　　　【1年】			○														○				
		基礎ぐい工事（注3）			○																		
		建築設備士（注4）　　　　　　　　　　　　　　　　【1年】					○	○															
		計装（注5）　　　　　　　　　　　　　　　　　　　【1年】					○	○															
		解体工事（注6）																					○
その他	基幹技能者（注7）	種目	登録電気工事基幹技能者					○							○								
			登録橋梁基幹技能者			○				○													
			登録造園基幹技能者																○				
			登録コンクリート圧送基幹技能者			○																	
			登録防水基幹技能者											○									
			登録トンネル基幹技能者			○																	
			登録建設塗装基幹技能者											○									
			登録左官基幹技能者		○																		
			登録機械土工基幹技能者			○																	
			登録海上起重基幹技能者									○											
			登録ＰＣ基幹技能者			○					○												
			登録鉄筋基幹技能者								○												
			登録圧接基幹技能者								○												
			登録型枠基幹技能者	○																			
			登録配管基幹技能者					○															
			登録鳶・土工基幹技能者			○																	
			登録切断穿孔基幹技能者			○																	
			登録内装仕上工事基幹技能者											○									
			登録サッシ・カーテンウォール基幹技能者																	○			
			登録エクステリア基幹技能者			○	○			○													

指定建設業

◎：監理技術者及び特定建設業の営業所専任技術者となり得る資格
○：主任技術者及び一般建設業の営業所専任技術者となり得る資格
・資格区分右端の【 】内に記載されている年数は、当該欄に記載されている資格試験の合格後に必要とされている実務経験年数です。

（表中の資格区分）
登録建築板金基幹技能者
登録外壁仕上基幹技能者
登録ダクト基幹技能者
登録保温保冷基幹技能者
登録グラウト基幹技能者
登録冷凍空調基幹技能者
登録運動施設基幹技能者
登録基礎工基幹技能者
登録タイル張り基幹技能者
登録標識・路面標示基幹技能者
登録消火設備基幹技能者
登録建築大工基幹技能者
登録硝子工事基幹技能者

(注1) 解体工事業に記載の注記（※印）については以下のとおり。

※1：経過措置として、平成28年6月1日時点において現に、解体工事業の技術者とみなされます。資格証等の写しの他に様式第九号（実務経験証明書）が必要となります。

※2：技術検定に係る資格は平成27年度までの合格者について、技術士試験に係る資格は当面の間、資格とは別に、解体工事に関する1年以上の実務経験を有している又は登録解体工事講習を受講していることが必要です。
上記いずれかの要件を満たさない場合は経過措置に該当し、※1と同様の取扱いとし、（2級建築施工管理技士（建築）については、平成28年6月1日時点において現に・土工工事業に係る資格者ではないため、経過措置の適用はありません。）
[登録解体工事講習とは…解体工事に関し必要な知識及び技能又は技術に関する講習であって国土交通大臣が登録するものをいいます。]

※3：2級合格者のうち、平成28年6月1日時点において現に解体工事に関してこの所定の実務経験をもって解体工事業の技術者となる場合は経過措置該当となり、※1と同様の取扱いとなります。

(注2) 地すべり防止工事に必要な知識及び技術を確認するための試験で国土交通大臣の登録を受けたものをいい、具体的には一般社団法人斜面防災対策技術協会が行う地すべり防止工事試験が該当します。

(注3) 基礎ぐい工事に必要な知識及び技術を確認するための試験で国土交通大臣の登録を受けたものをいい、具体的には一般社団法人日本基礎建設協会及び一般社団法人コンクリートパイル建設技術協会が行う基礎施工士検定試験が該当します。

(注4) 建築士法第2条第5項に規定する建築設備に関する知識及び技能を有する者が該当します。

(注5) 級建築物等で消防設備等に試験装置等を設備する者に関する知識及び技能及び技術を確認するための国土交通大臣の登録を受けたものをいい、具体的には一般社団法人日本設備士会が行う1級の設計審査が該当します。

(注6) 解体工事に必要な知識及び技能及び技術を確認するための試験で国土交通大臣の登録を受けたものをいい、具体的には公益社団法人全国解体工事業団体連合会が行う解体工事施工技士試験が該当します。

(注7) 建設業法施行規則第18条の3第2項第2号の登録基幹技能者講習を修了した者をいい、単一の建設業の種類における実務経験を10年以上有する場合について、当該建設業の種類に対応する実務経験の種類に関し10年以上の実務経験を有する者に該当します。なお、平成30年4月1日の施行以前に講習を修了した者が、平成30年4月1日以降に当該種類の建設工事に係る実務経験を有していない者については、養成課程を修了した者及び総務大臣の認定を受けた者について。

(注8) 令和3年4月1日以降に技能検定に合格した者、養成課程を修了した者及び総務大臣の認定を受けた者について。

主任技術者となり得る実務経験期間の特例

　建設業法施行規則第7条の3の規定により、学歴別の実務経験年数と同等以上の技術又は技能を有するものと認められるものは、下記のとおりとされています。

【監理技術者又は主任技術者となり得る国家資格等②】

許可を受けようと する建設業	実 務 経 験
大工工事業	1．建築工事業及び大工工事業に係る建設工事に関し12年以上の実務経験を有する者のうち、大工工事業に係る建設工事に関し8年を超える実務の経験を有する者 2．大工工事業及び内装仕上工事業に係る建設工事に関し12年以上の実務経験を有する者のうち、大工工事業に係る建設工事に関し8年を超える実務の経験を有する者
とび・土工工事業	1．土木工事業及びとび・土工工事業に係る建設工事に関し12年以上の実務経験を有する者のうち、とび・土工工事業に係る建設工事に関し8年を超える実務の経験を有する者 2．とび・土工工事業及び解体工事業に係る建設工事に関し12年以上実務の経験を有する者のうち、とび・土工工事業に係る建設工事に関し8年を超える実務の経験を有する者
屋根工事業	1．建築工事業及び屋根工事業に係る建設工事に関し12年以上の実務経験を有する者のうち、屋根工事業に係る建設工事に関し8年を超える実務の経験を有する者
しゅんせつ工事業	1．土木工事業及びしゅんせつ工事業に係る建設工事に関し12年以上の実務経験を有する者のうち、しゅんせつ工事業に係る建設工事に関し8年を超える実務の経験を有する者
ガラス工事業	1．建築工事業及びガラス工事業に係る建設工事に関し12年以上の実務経験を有する者のうち、ガラス工事業に係る建設工事に関し8年を超える実務の経験を有する者
防水工事業	1．建築工事業及び防水工事業に係る建設工事に関し12年以上の実務経験を有する者のうち、防水工事業に係る建設工事に関し8年を超える実務の経験を有する者
内装仕上工事業	1．建築工事業及び内装仕上工事業に係る建設工事に関し12年以上の実務経験を有する者のうち、内装仕上工事業に係る建設工事に関し8年を超える実務の経験を有する者 2．大工工事業及び内装仕上工事業に係る建設工事に関し12年以上の実務経験を有する者のうち、内装仕上工事業に係る建設工事に関し8年を超える実務の経験を有する者
熱絶縁工事業	1．建築工事業及び熱絶縁工事業に係る建設工事に関し12年以上の実務経験を有する者のうち、熱絶縁工事業に係る建設工事に関し8年を超える実務の経験を有する者

水道施設工事業	1．土木工事業及び水道施設工事業に係る建設工事に関し12年以上の実務経験を有する者のうち、水道施設工事業に係る建設工事に関し8年を超える実務の経験を有する者
解体工事業	1．土木工事業及び解体工事業に係る建設工事に関し12年以上実務の経験を有する者のうち、解体工事業に係る建設工事に関し8年を超える実務の経験を有する者 2．建築工事業及び解体工事業に係る建設工事に関し12年以上実務の経験を有する者のうち、解体工事業に係る建設工事に関し8年を超える実務の経験を有する者 3．とび・土工工事業及び解体工事業に係る建設工事に関し12年以上実務の経験を有する者のうち、解体工事業に係る建設工事に関し8年を超える実務の経験を有する者

（注）この基準は、主任技術者となり得るものであり、実務経験等を基に監理技術者となるためには、別途指導監督的な実務経験が必要です。

(4)　建設業許可制度の概要等

建設業の許可

建 設 業 の 許 可	
大臣許可と 知事許可	2以上の都道府県に営業所を設置して建設業を営む者は大臣許可、1の都道府県のみに営業所を設置して建設業を営む者は知事許可を取得することとなります。
許可の区分 (一般建設業と 特定建設業)	許可には、一般建設業の許可と特定建設業の許可があります。特定建設業者でなければ、発注者から直接受注した工事について、総額4,000万円(建築一式工事：6,000万円)以上の下請契約を締結することができません。
建設工事の種類	土木一式工事、建築一式工事、大工工事、左官工事、とび・土工・コンクリート工事、石工事、屋根工事、電気工事、管工事、タイル・れんが・ブロック工事、鋼構造物工事、鉄筋工事、ほ装工事、しゅんせつ工事、板金工事、ガラス工事、塗装工事、防水工事、内装仕上工事、機械器具設置工事、熱絶縁工事、電気通信工事、造園工事、さく井工事、建具工事、水道施設工事、消防施設工事、清掃施設工事、解体工事の29工事

① 　建設業を営もうとする者は、軽微な建設工事のみを行う場合を除いて、建設業法第3条の規定に基づき、土木、建築など29の建設工事の種類ごとに建設業の許可を受けなければなりません。

　　「軽微な建設工事」とは、
　・建築一式工事では、工事1件の請負代金の額が1,500万円未満の工事
　　　　　　　　　　又は延べ面積150㎡未満の木造住宅工事
　・その他の建設工事では、工事1件の請負代金の額が500万円未満の工事
　をいいます。
　注)軽微な建設工事であるかどうかは、注文者が材料を支給する場合には、請負代金に支給材料の市場価格(運送賃含む。)を加えた額で判断します。
② 　許可の有効期間は5年間です。
　注)許可の更新申請中であれば、現在の許可の有効期間が満了した場合であっても、その許可は有効なものとして扱われます。

「附帯工事」について

　建設工事を請け負う場合には、原則として当該工事の種類ごとに建設業の許可を受けておく必要がありますが、建設工事の目的物である土木工作物や建築物は、各種の建設工事の成果が複雑微妙に組み合わされてできるものであるため、現実には、一の建設工事が、その施工の過程において他の建設工事の施工を誘発したり、関連する他の建設工事の同時施工を必要とする場合がしばしば生じます。
　そこで、建設業法では、許可を受けた建設業に係る建設工事以外の建設工事であっても附帯工

事については例外的に請け負うことができることとしています。

　注）附帯工事

　　　　主たる建設工事を施工するために必要を生じた他の従たる建設工事又は主たる建設工事の施工により必要を生じた他の従たる建設工事を指し、それ自体が独立の使用目的に供せられるものは含まれません。

　　　　なお、附帯工事を自ら施工する場合については専門技術者の配置が必要です。

≪建設工事の業種区分≫

	建設工事の種類	業　種 建設業法 別表第1	建設工事の内容 昭和47年告示第350号	建設工事の例示 平成13年国総建第97号　建設 業許可事務ガイドライン別表1	建設工事の区分の考え方 平成13年国総建第97号　建設業許可事務ガイドライン
1	土木一式工事	土木工事業	総合的な企画、指導、調整のもとに土木工作物を建設する工事（補修、改造又は解体する工事を含む。以下同じ。）		① 「プレストレストコンクリート工事」のうち橋梁等の土木工作物を総合的に建設するプレストレストコンクリート構造物工事は『土木一式工事』に該当する。 ② 上下水道に関する施設の建設工事における『土木一式工事』、『管工事』及び『水道施設工事』間の区分の考え方は、公道下等の下水道の配管工事及び下水処理場自体の敷地造成工事が『土木一式工事』であり、家屋その他の施設の敷地内の配管工事及び上水道等の配水小管を設置する工事が『管工事』であり、上水道等の取水、浄水、配水等の施設及び下水処理場内の処理設備を築造、設置する工事が『水道施設工事』である。なお、農業用水道、かんがい用排水施設等の建設工事は『水道施設工事』ではなく『土木一式工事』に該当する。
2	建築一式工事	建築工事業	総合的な企画、指導、調整のもとに建築物を建設する工事		ビルの外壁に固定された避難階段を設置する工事は『消防施設工事』ではなく、建築物の躯体の一部の工事として『建築一式工事』又は『鋼構造物工事』に該当する。
3	大工工事	大工工事業	木材の加工又は取付けにより工作物を築造し、又は工作物に木製設備を取付ける工事	大工工事、型枠工事、造作工事	
4	左官工事	左官工事業	工作物に壁土、モルタル、漆くい、プラスター、繊維等をこて塗り、吹付け、又ははり付ける工事	左官工事、モルタル工事、モルタル防水工事、吹付け工事、とぎ出し工事、洗い出し工事	① 防水モルタルを用いた防水工事は左官工事業、防水工事業どちらの業種の許可でも施工可能である。 ② ガラス張り工事及び乾式壁工事については、通常、左官工事を行う際の準備作業として当然に含まれているものである。 ③ 『左官工事』における「吹付け工事」とは、建築物に対するモルタル等を吹付ける工事をいい、『とび・土工・コンクリート工事』における「吹付け工事」とは、「モルタル吹付け工事」及び「種子吹付け工事」を総称したものであり、法面処理等のためにモルタル又は種子を吹付ける工事をいう。
5	とび・土工・コンクリート工事	とび・土工工事業	① 足場の組立て、機械器具・建設資材等の重量物のクレーン等による運搬配置、鉄骨等の組立て等を行う工事 ② くい打ち、くい抜き及び場所打ぐいを行う工事 ③ 土砂等の掘削、盛上げ、締固め等を行う工事 ④ コンクリートにより工作物を築造する工事 ⑤ その他基礎的ないしは	① とび工事、ひき工事、足場等仮設工事、重量物の揚重運搬配置工事、鉄骨組立て工事、コンクリートブロック据付け工事 ② くい工事、くい打ち工事、くい抜き工事、場所打ぐい工事 ③ 土工事、掘削工事、根切り工事、発破工事、盛土工事	① 『とび・土工・コンクリート工事』における「コンクリートブロック据付け工事」並びに『石工事』及び『タイル・れんが・ブロック工事』における「コンクリートブロック積み（張り）工事」間の区分の考え方は以下のとおりである。根固めブロック、消波ブロックの据付け等土木工事において規模の大きいコンクリートブロックの据付けを行う工事、プレキャストコンクリートの柱、梁等の部材の設置工事等が『とび・土工・コンクリート工事』における「コンクリートブ

建設工事の種類	業　種 建設業法別表第1	建設工事の内容 昭和47年告示第350号	建設工事の例示 平成13年国総建第97号　建設業許可事務ガイドライン別表1	建設工事の区分の考え方 平成13年国総建第97号　建設業許可事務ガイドライン
		準備的工事	④　コンクリート工事、コンクリート打設工事、コンクリート圧送工事、プレストレストコンクリート工事 ⑤　地すべり防止工事、地盤改良工事、ボーリンググラウト工事、土留め工事、仮締切り工事、吹付け工事、法面保護工事、道路付属物設置工事、屋外広告物設置工事、捨石工事、外構工事、はつり工事、切断穿孔工事、アンカー工事、あと施工アンカー工事、潜水工事	ロック据付け工事」である。建築物の内外装として擬石等をはり付ける工事や法面処理、又は擁壁としてコンクリートブロックを積み、又ははり付ける工事等が『石工事』における「コンクリートブロック積み（張り）工事」である。コンクリートブロックにより建築物を建設する工事等が『タイル・れんが・ブロック工事』における「コンクリートブロック積み（張り）工事」であり、エクステリア工事としてこれを行う場合を含む。 ②　『とび・土工・コンクリート工事』における「鉄骨組立工事」と『鋼構造物工事』における「鉄骨工事」との区分の考え方は、鉄骨の製作、加工から組立てまでを一貫して請け負うのが『鋼構造物工事』における「鉄骨工事」であり、既に加工された鉄骨を現場で組立てることのみを請け負うのが『とび・土工・コンクリート工事』における「鉄骨組立工事」である。 ③　「プレストレストコンクリート工事」のうち橋梁等の土木工作物を総合的に建設するプレストレストコンクリート構造物工事は『土木一式工事』に該当する。 ④　「地盤改良工事」とは、薬液注入工事、ウェルポイント工事等各種の地盤の改良を行う工事を総称したものである。 ⑤　『とび・土工・コンクリート工事』における「吹付け工事」とは、「モルタル吹付け工事」及び「種子吹付け工事」を総称したものであり、法面処理等のためにモルタル又は種子を吹付ける工事をいい、建築物に対するモルタル等の吹付けは『左官工事』における「吹付け工事」に該当する。 ⑥　「法面保護工事」とは、法枠の設置等により法面の崩壊を防止する工事である。 ⑦　「道路付属物設置工事」には、道路標識やガードレールの設置工事が含まれる。 ⑧　『とび・土工・コンクリート工事』における「屋外広告物設置工事」と『鋼構造物工事』における「屋外広告工事」との区分の考え方は、現場で屋外広告物の製作、加工から設置までを一貫して請け負うのが『鋼構造物工事』における「屋外広告工事」であり、それ以外の工事が『とび・土工・コンクリート工事』における「屋外広告物設置工事」である。 ⑨　トンネル防水工事等の土木系の防水工事は『防水工事』ではなく『とび・土工・コンクリート工事』に該当し、いわゆる建築系の防水工事は『防水工事』に該当する。

建設工事の種類	業　種	建設工事の内容	建設工事の例示	建設工事の区分の考え方
	建設業法別表第1	昭和47年告示第350号	平成13年国総建第97号　建設業許可事務ガイドライン別表1	平成13年国総建第97号　建設業許可事務ガイドライン
6　石工事	石工事業	石材（石材に類似のコンクリートブロック及び擬石を含む。）の加工又は積方により工作物を築造し、又は工作物に石材を取付ける工事	石積み（張り）工事、コンクリートブロック積み（張り）工事	『とび・土工・コンクリート工事』における「コンクリートブロック据付け工事」並びに『石工事』及び『タイル・れんが・ブロック工事』における「コンクリートブロック積み（張り）工事」間の区分の考え方は以下のとおりである。根固めブロック、消波ブロックの据付け等土木工事において規模の大きいコンクリートブロックの据付けを行う工事、プレキャストコンクリートの柱、梁等の部材の設置工事等が『とび・土工・コンクリート工事』における「コンクリートブロック据付け工事」である。建築物の内外装として擬石等をはり付ける工事や法面処理、又は擁壁としてコンクリートブロックを積み、又ははり付ける工事等が『右工事』における「コンクリートブロック積み（張り）工事」である。コンクリートブロックにより建築物を建設する工事等が『タイル・れんが・ブロック工事』における「コンクリートブロック積み（張り）工事」であり、エクステリア工事としてこれを行う場合を含む。
7　屋根工事	屋根工事業	瓦、スレート、金属薄板等により屋根をふく工事	屋根ふき工事	①　「瓦」、「スレート」及び「金属薄板」については、屋根をふく材料の別を示したものにすぎず、また、これら以外の材料による屋根ふき工事も多いことから、これらを包括して「屋根ふき工事」とする。したがって板金屋根工事も『板金工事』ではなく『屋根工事』に該当する。 ②　屋根断熱工事は、断熱処理を施した材料により屋根をふく工事であり「屋根ふき工事」の一類型である。 ③　屋根一体型の太陽光パネル設置工事は『屋根工事』に該当する。太陽光発電設備の設置工事は『電気工事』に該当し、太陽光パネルを屋根に設置する場合は、屋根等の止水処理を行う工事が含まれる。
8　電気工事	電気工事業	発電設備、変電設備、送配電設備、構内電気設備等を設置する工事	発電設備工事、送配電線工事、引込線工事、変電設備工事、構内電気設備（非常用電気設備を含む。）工事、照明設備工事、電車線工事、信号設備工事、ネオン装置工事	①　屋根一体型の太陽光パネル設置工事は『屋根工事』に該当する。太陽光発電設備の設置工事は『電気工事』に該当し、太陽光パネルを屋根に設置する場合は、屋根等の止水処理を行う工事が含まれる。 ②　『機械器具設置工事』には広くすべての機械器具類の設置に関する工事が含まれるため、機械器具の種類によっては『電気工事』、『管工事』、『電気通信工事』、『消防施設工事』等と重複するものもあるが、これらについては原則として『電気工事』等それぞれの専門の工事の方に区分するものとし、これらいずれにも該当しない機械器具あるいは複合的な機械器具の設置が『機械器具設置工事』に該当する。

建設工事の種類	業　種	建設工事の内容	建設工事の例示	建設工事の区分の考え方
	建設業法別表第1	昭和47年告示第350号	平成13年国総建第97号　建設業許可事務ガイドライン別表1	平成13年国総建第97号　建設業許可事務ガイドライン
9　管　工　事	管工事業	冷暖房、冷凍冷蔵、空気調和、給排水、衛生等のための設備を設置し、又は金属製等の管を使用して水、油、ガス、水蒸気等を送配するための設備を設置する工事	冷暖房設備工事、冷凍冷蔵設備工事、空気調和設備工事、給排水・給湯設備工事、厨房設備工事、衛生設備工事、浄化槽工事、水洗便所設備工事、ガス管配管工事、ダクト工事、管内更生工事	①　「冷暖房設備工事」、「冷凍冷蔵設備工事」、「空気調和設備工事」には、冷媒の配管工事などフロン類の漏洩を防止する工事が含まれる。 ②　し尿処理施設に関する施設の建設工事における『管工事』、『水道施設工事』及び『清掃施設工事』間の区分の考え方は、規模の大小を問わず浄化槽（合併処理槽を含む。）によりし尿を処理する施設の建設工事が『管工事』に該当し、公共団体が設置するもので下水道により収集された汚水を処理する施設の建設工事が『水道施設工事』に該当し、公共団体が設置するもので汲取方式により収集されたし尿を処理する施設の建設工事が『清掃施設工事』に該当する。 ③　『機械器具設置工事』には広くすべての機械器具類の設置に関する工事が含まれるため、機械器具の種類によっては『電気工事』、『管工事』、『電気通信工事』、『消防施設工事』等と重複するものもあるが、これらについては原則として『電気工事』等それぞれの専門の工事の方に区分するものとし、これらいずれにも該当しない機械器具あるいは複合的な機械器具の設置が『機械器具設置工事』に該当する。 ④　建築物の中に設置される通常の空調機器の設置工事は『管工事』に該当し、トンネル、地下道等の給排気用に設置される機械器具に関する工事は『機械器具設置工事』に該当する。 ⑤　上下水道に関する施設の建設工事における『土木一式工事』、『管工事』及び『水道施設工事』間の区分の考え方は、公道下等の下水道の配管工事及び下水処理場自体の敷地造成工事が『土木一式工事』であり、家屋その他の施設の敷地内の配管工事及び上水道等の配水小管を設置する工事が『管工事』であり、上水道等の取水、浄水、配水等の施設及び下水処理場内の処理設備を築造、設置する工事が『水道施設工事』である。なお、農業用水道、かんがい用排水施設等の建設工事は『水道施設工事』ではなく『土木一式工事』に該当する。 ⑥　公害防止施設を単体で設置する工事については、『清掃施設工事』ではなく、それぞれの公害防止施設ごとに、例えば排水処理設備であれば『管工事』、集塵設備であれば『機械器具設置工事』等に区分すべきものである。
10　タイル・れんが・ブロック工　事	タイル・れんが・ブロック工事業	れんが、コンクリートブロック等により工作物を築造し、又は工作物にれんが、コンクリートブロッ	コンクリートブロック積み（張り）工事、レンガ積み（張り）工事、タイル張り工事、築炉工事、スレート	①　「スレート張り工事」とは、スレートを外壁等にはる工事を内容としており、スレートにより屋根をふく工事は「屋根ふき工事」として『屋根工事』に該当す

Ⅱ　その他法令遵守に参考となる資料

建設工事の種類	業　　種	建設工事の内容	建設工事の例示	建設工事の区分の考え方
	建設業法別表第1	昭和47年告示第350号	平成13年国総建第97号　建設業許可事務ガイドライン別表1	平成13年国総建第97号　建設業許可事務ガイドライン
		ク、タイル等を取付け、又ははり付ける工事	張り工事、サイディング工事	る。 ② 「コンクリートブロック」には、プレキャストコンクリートパネル及びオートクレイブ養生をした軽量気ほうコンクリートパネルも含まれる。 ③ 『とび・土工・コンクリート工事』における「コンクリートブロック据付け工事」並びに『石工事』及び『タイル・れんが・ブロック工事』における「コンクリートブロック積み（張り）工事」間の区分の考え方は以下のとおりである。根固めブロック、消波ブロックの据付け等土木工事において規模の大きいコンクリートブロックの据付けを行う工事、プレキャストコンクリートの柱、梁等の部材の設置工事等が『とび・土工・コンクリート工事』における「コンクリートブロック据付け工事」である。建築物の内外装として擬石等をはり付ける工事や法面処理、又は擁壁としてコンクリートブロックを積み、又ははり付ける工事等が『石工事』における「コンクリートブロック積み（張り）工事」である。コンクリートブロックにより建築物を建設する工事等が『タイル・れんが・ブロック工事』における「コンクリートブロック積み（張り）工事」であり、エクステリア工事としてこれを行う場合を含む。
11　鋼構造物工事	鋼構造物工事業	形鋼、鋼板等の鋼材の加工又は組立てにより工作物を築造する工事	鉄骨工事、橋梁工事、鉄塔工事、石油・ガス等の貯蔵用タンク設置工事、屋外広告工事、閘門・水門等の門扉設置工事	① 『とび・土工・コンクリート工事』における「鉄骨組立工事」と『鋼構造物工事』における「鉄骨工事」との区分の考え方は、鉄骨の製作、加工から組立てまでを一貫して請け負うのが『鋼構造物工事』における「鉄骨工事」であり、既に加工された鉄骨を現場で組立てることのみを請け負うのが『とび・土工・コンクリート工事』における「鉄骨組立工事」である。 ② ビルの外壁に固定された避難階段を設置する工事は『消防施設工事』ではなく、建築物の躯体の一部の工事として『建築一式工事』又は『鋼構造物工事』に該当する。 ③ 『とび・土工・コンクリート工事』における「屋外広告物設置工事」と『鋼構造物工事』における「屋外広告工事」との区分の考え方は、現場で屋外広告物の製作、加工から設置までを一貫して請け負うのが『鋼構造物工事』における「屋外広告工事」であり、それ以外の工事が『とび・土工・コンクリート工事』における「屋外広告物設置工事」である。
12　鉄筋工事	鉄筋工事業	棒鋼等の鋼材を加工し、接合し、又は組立てる工事	鉄筋加工組立て工事、鉄筋継手工事	『鉄筋工事』は「鉄筋加工組立て工事」と「鉄筋継手工事」からなっており、「鉄筋加工組立て工事」は鉄筋の配筋と組立て、「鉄筋継手工事」は配筋された鉄筋を接合

建設工事の種類	業　種　建設業法別表第1	建設工事の内容　昭和47年告示第350号	建設工事の例示　平成13年国総建第97号　建設業許可事務ガイドライン別表1	建設工事の区分の考え方　平成13年国総建第97号　建設業許可事務ガイドライン
				する工事である。鉄筋継手にはガス圧接継手、溶接継手、機械式継手等がある。
13　舗装工事	舗装工事業	道路等の地盤面をアスファルト、コンクリート、砂、砂利、砕石等により舗装する工事	アスファルト舗装工事、コンクリート舗装工事、ブロック舗装工事、路盤築造工事	①　舗装工事と併せて施工されることが多いガードレール設置工事については、工事の種類としては『舗装工事』ではなく『とび・土工・コンクリート工事』に該当する。 ②　人工芝張付け工事については、地盤面をコンクリート等で舗装した上にはり付けるものは『舗装工事』に該当する。
14　しゅんせつ工事	しゅんせつ工事業	河川、港湾等の水底をしゅんせつする工事	しゅんせつ工事	
15　板金工事	板金工事業	金属薄板等を加工して工作物に取付け、又は工作物に金属製等の付属物を取付ける工事	板金加工取付け工事、建築板金工事	①　「建築板金工事」とは、建築物の内外装として板金をはり付ける工事をいい、具体的には建築物の外壁へのカラー鉄板張付け工事や厨房の天井へのステンレス板張付け工事等である。 ②　「瓦」、「スレート」及び「金属薄板」については、屋根をふく材料の別を示したものにすぎず、また、これら以外の材料による屋根ふき工事も多いことから、これらを包括して「屋根ふき工事」とする。したがって板金屋根工事も『板金工事』ではなく『屋根工事』に該当する。
16　ガラス工事	ガラス工事業	工作物にガラスを加工して取付ける工事	ガラス加工取付け工事、ガラスフィルム工事	
17　塗装工事	塗装工事業	塗料、塗材等を工作物に吹付け、塗付け、又ははり付ける工事	塗装工事、溶射工事、ライニング工事、布張り仕上工事、鋼構造物塗装工事、路面標示工事	下地調整工事及びブラスト工事については、通常、塗装工事を行う際の準備作業として当然に含まれているものである。
18　防水工事	防水工事業	アスファルト、モルタル、シーリング材等によって防水を行う工事	アスファルト防水工事、モルタル防水工事、シーリング工事、塗膜防水工事、シート防水工事、注入防水工事	①　『防水工事』に含まれるものは、いわゆる建築系の防水工事のみであり、トンネル防水工事等の土木系の防水工事は『防水工事』ではなく『とび・土工・コンクリート工事』に該当する。 ②　防水モルタルを用いた防水工事は左官工事業、防水工事業どちらの業種の許可でも施工可能である。
19　内装仕上工事	内装仕上工事業	木材、石膏ボード、吸音板、壁紙、たたみ、ビニール床タイル、カーペット、ふすま等を用いて建築物の内装仕上げを行う工事	インテリア工事、天井仕上工事、壁張り工事、内装間仕切り工事、床仕上工事、たたみ工事、ふすま工事、家具工事、防音工事	①　「家具工事」とは、建築物に家具を据付け又は家具の材料を現場にて加工若しくは組み立てて据付ける工事をいう。 ②　「防音工事」とは、建築物における通常の防音工事であり、ホール等の構造的に音響効果を目的とするような工事は含まれない。 ③　「たたみ工事」とは、採寸、割付け、たたみの製造・加工から敷きこみまでを一貫して請け負う工事をいう。
20　機械器具設置工事	機械器具設置工事業	機械器具の組立て等により工作物を建設し、又は工作物に機械器具を取付ける工事	プラント設備工事、運搬機器設置工事、内燃力発電設備工事、集塵機器設置工事、給排気機器設置工事、揚排水機器設置工事、ダム用仮設備工事、遊技施設	①　『機械器具設置工事』には広くすべての機械器具類の設置に関する工事が含まれるため、機械器具の種類によっては『電気工事』、『管工事』、『電気通信工事』、『消防施設工事』等と重複するものもあるが、これらについては原則として

建設工事の種類	業　種		建 設 工 事 の 内 容	建 設 工 事 の 例 示	建 設 工 事 の 区 分 の 考 え 方
	建設業法別表第1	昭和47年告示第350号		平成13年国総建第97号　建設業許可事務ガイドライン別表1	平成13年国総建第97号　建設業許可事務ガイドライン
				置工事、舞台装置設置工事、サイロ設置工事、立体駐車設備工事	『電気工事』等それぞれの専門の工事の方に区分するものとし、これらいずれにも該当しない機械器具あるいは複合的な機械器具の設置が『機械器具設置工事』に該当する。 ②　「運搬機器設置工事」には昇降機設置工事も含まれる。 ③　「給排気機器設置工事」とはトンネル、地下道等の給排気用に設置される機械器具に関する工事であり、建築物の中に設置される通常の空調機器の設置工事は『機械器具設置工事』ではなく『管工事』に該当する。 ④　公害防止施設を単体で設置する工事については、『清掃施設工事』ではなく、それぞれの公害防止施設ごとに、例えば排水処理設備であれば『管工事』、集塵設備であれば『機械器具設置工事』等に区分すべきものである。
21　熱絶縁工事	熱絶縁工事業	工作物又は工作物の設備を熱絶縁する工事		冷暖房設備、冷凍冷蔵設備、動力設備又は燃料工業、化学工業等の設備の熱絶縁工事、ウレタン吹付け断熱工事	
22　電気通信工事	電気通信工事業	有線電気通信設備、無線電気通信設備、ネットワーク設備、情報設備、放送機械設備等の電気通信設備を設置する工事		電気通信線路設備工事、電気通信機械設置工事、放送機械設置工事、空中線設備工事、データ通信設備工事、情報制御設備工事、ＴＶ電波障害防除設備工事	①　既に設置された電気通信設備の改修、修繕又は補修は『電気通信工事』に該当する。なお、保守（電気通信施設の機能性能及び耐久性の確保を図るために実施する点検、整備及び修理をいう。）に関する役務の提供等の業務は、『電気通信工事』に該当しない。 ②　『機械器具設置工事』には広くすべての機械器具類の設置に関する工事が含まれるため、機械器具の種類によっては『電気工事』、『管工事』、『電気通信工事』、『消防施設工事』等と重複するものもあるが、これらについては原則として『電気工事』等それぞれの専門の工事の方に区分するものとし、これらいずれにも該当しない機械器具あるいは複合的な機械器具の設置が『機械器具設置工事』に該当する。
23　造園工事	造園工事業	整地、樹木の植栽、景石のすえ付け等により庭園、公園、緑地等の苑地を築造し、道路、建築物の屋上等を緑化し、又は植生を復元する工事		植栽工事、地被工事、景石工事、地ごしらえ工事、公園設備工事、広場工事、園路工事、水景工事、屋上等緑化工事、緑地育成工事	①　「植栽工事」には、植生を復元する建設工事が含まれる。 ②　「広場工事」とは、修景広場、芝生広場、運動広場その他の広場を築造する工事であり、「園路工事」とは、公園内の遊歩道、緑道等を建設する工事である。 ③　「公園設備工事」には、花壇、噴水その他の修景施設、休憩所その他の休養施設、遊戯施設、便益施設等の建設工事が含まれる。 ④　「屋上等緑化工事」とは、建築物の屋上、壁面等を緑化する建設工事である。 ⑤　「緑地育成工事」とは、樹木、芝生、

	建設工事の種類	業　種 建設業法別表第1	建設工事の内容 昭和47年告示第350号	建設工事の例示 平成13年国総建第97号　建設業許可事務ガイドライン別表1	建設工事の区分の考え方 平成13年国総建第97号　建設業許可事務ガイドライン
					草花等の植物を育成する建設工事であり、土壌改良や支柱の設置等を伴って行う工事である。
24	さく井工事	さく井工事業	さく井機械等を用いてさく孔、さく井を行う工事又はこれらの工事に伴う揚水設備設置等を行う工事	さく井工事、観測井工事、還元井工事、温泉掘削工事、井戸築造工事、さく孔工事、石油掘削工事、天然ガス掘削工事、揚水設備工事	
25	建具工事	建具工事業	工作物に木製又は金属製の建具等を取付ける工事	金属製建具取付け工事、サッシ取付け工事、金属製カーテンウォール取付け工事、シャッター取付け工事、自動ドアー取付け工事、木製建具取付け工事、ふすま工事	
26	水道施設工事	水道施設工事業	上水道、工業用水道等のための取水、浄水、配水等の施設を築造する工事又は公共下水道若しくは流域下水道の処理設備を設置する工事	取水施設工事、浄水施設工事、配水施設工事、下水処理設備工事	①　上下水道に関する施設の建設工事における『土木一式工事』、『管工事』及び『水道施設工事』間の区分の考え方は、公道下等の下水道の配管工事及び下水処理場自体の敷地造成工事が『土木一式工事』であり、家屋その他の施設の敷地内の配管工事及び上水道等の配水小管を設置する工事が『管工事』であり、上水道等の取水、浄水、配水等の施設及び下水処理場内の処理設備を築造、設置する工事が『水道施設工事』である。なお、農業用水道、かんがい用排水施設等の建設工事は『水道施設工事』ではなく『土木一式工事』に該当する。 ②　し尿処理に関する施設の建設工事における『管工事』、『水道施設工事』及び『清掃施設工事』間の区分の考え方は、規模の大小を問わず浄化槽（合併処理槽を含む。）によりし尿を処理する施設の建設工事が『管工事』に該当し、公共団体が設置するもので下水道により収集された汚水を処理する施設の建設工事が『水道施設工事』に該当し、公共団体が設置するもので汲取方式により収集されたし尿を処理する施設の建設工事が『清掃施設工事』に該当する。
27	消防施設工事	消防施設工事業	火災警報設備、消火設備、避難設備若しくは消火活動に必要な設備を設置し、又は工作物に取付ける工事	屋内消火栓設置工事、スプリンクラー設置工事、水噴霧、泡、不燃性ガス、蒸発性液体又は粉末による消火設備工事、屋外消火栓設置工事、動力消防ポンプ設置工事、火災報知設備工事、漏電火災警報器設置工事、非常警報設備工事、金属製避難はしご、救助袋、緩降機、避難橋又は排煙設備の設置工事	①　「金属製避難はしご」とは、火災時等にのみ使用する組立式のはしごであり、ビルの外壁に固定された避難階段等はこれに含まれない。したがって、このような固定された避難階段を設置する工事は『消防施設工事』ではなく、建築物の躯体の一部の工事として『建築一式工事』又は『鋼構造物工事』に該当する。 ②　『機械器具設置工事』には広くすべての機器具類の設置に関する工事が含まれるため、機械器具の種類によっては『電気工事』、『管工事』、『電気通信工事』、『消防施設工事』等と重複するもの

Ⅱ　その他法令遵守に参考となる資料

建設工事の種類	業　種	建設工事の内容	建設工事の例示	建設工事の区分の考え方
	建設業法別表第1	昭和47年告示第350号	平成13年国総建第97号　建設業許可事務ガイドライン別表1	平成13年国総建第97号　建設業許可事務ガイドライン
				もあるが、これらについては原則として『電気工事』等それぞれの専門の工事の方に区分するものとし、これらいずれにも該当しない機械器具あるいは複合的な機械器具の設置が『機械器具設置工事』に該当する。
28　清掃施設工　事	清掃施設工事業	し尿処理施設又はごみ処理施設を設置する工事	ごみ処理施設工事、し尿処理施設工事	①　公害防止施設を単体で設置する工事については、『清掃施設工事』ではなく、それぞれの公害防止施設ごとに、例えば排水処理設備であれば『管工事』、集塵設備であれば『機械器具設置工事』等に区分すべきものである。 ②　し尿処理に関する施設の建設工事における『管工事』、『水道施設工事』及び『清掃施設工事』間の区分の考え方は、規模の大小を問わず浄化槽（合併処理槽を含む。）によりし尿を処理する施設の建設工事が『管工事』に該当し、公共団体が設置するもので下水道により収集された汚水を処理する施設の建設工事が『水道施設工事』に該当し、公共団体が設置するもので汲取方式により収集されたし尿を処理する施設の建設工事が『清掃施設工事』に該当する。
29　解体工事	解体工事業	工作物の解体を行う工事	工作物解体工事	それぞれの専門工事において建設される目的物について、それのみを解体する工事は各専門工事に該当する。総合的な企画、指導、調整のもとに土木工作物や建築物を解体する工事は、それぞれ『土木一式工事』や『建築一式工事』に該当する。

2　法令違反の通報窓口
～法令違反行為があった場合にはここに連絡!!～

建設業法違反関係

国土交通省建設業法令遵守推進本部 「駆け込みホットライン」	Tel　0570（018）240 Fax　0570（018）241 E-mail　hqt-k-kakekomi-hl@gxb.mlit.go.jp	全国共通

 「駆け込みホットライン」への通報の仕方

　　通報にあたっては、建設業法令遵守推進本部が端緒情報として取り上げ、立入検査・報告徴収するかどうかの判断ができる次の事柄について、できる限り明らかに報告して頂くことが望まれます。

◆通報される方の氏名、住所

※通報された方に不利益が生じないよう十分注意しますので、できるだけ匿名は避けてください。

◆違反の疑いがある行為者の会社名、代表者名、所在地、建設業許可番号等

◆違反の疑いがある行為の具体的事実について次の事柄

　　㋐だれが、㋑いつ、㋒どこで、㋓いかなる方法で、㋔何をしたか　　等

　　なお、違反の疑いがある行為を証明するような資料等があれば、通報後に建設業法令遵守推進本部に提出（郵送・FAX 可）してください。

＜通報様式＞

1．通報される方の情報

氏　　　　　名	
住　　　　　所	
電　話　番　号	E-mail

2．違反の疑いがある行為者の情報

会　　社　　名	
代　表　者　名	
所　　在　　地	
建設業許可番号	
電　話　番　号	
そ　　の　　他	

3．違反の疑いがある行為（具体的事実）

㋐　だれが	
㋑　いつ	
㋒　どこで	
㋓　いかなる方法で	
㋔　何をしたか	
その他	

3　工事代金の不払い等建設工事の契約当事者間の紛争の解決を図る準司法機関

知っていますか?!　建設工事紛争審査会

手続は、「あっせん」、「調停」、「仲裁」の3種類

「あっせん」と「調停」は、紛争当事者同士の「和解に向けた話合い」です。

　　当事者同士だけでは話合いがうまく進まなくなっているような場合、専門知識を有する中立な第三者が双方の言い分を聞く場を、審査会が提供します。

　　「あっせん」の場合は、法律の委員（弁護士）があっせん委員として、原則として1人で案件を担当します。

　　「調停」の場合は、法律のほかに、建築や土木等の技術の専門家、行政経験者など3人の調停委員で案件を担当します。

　　技術的な争点があって図面や工程表を照らしながらの主張があるような場合は、「あっせん」よりも「調停」の方が適していると言えるでしょう。下請代金不払いの問題などは、たいがい「調停」の方が審理がスムーズに進行する傾向があります。

　　さて、委員を交えた話合いを経て、場合によっては委員が和解案を提示し、双方の合意があれば、委員立ち会いの下、「和解契約」を締結することとなります。

　　あくまで「和解に向けた話合い」ですから、ある程度幅を持って和解条件を検討すること、互譲の気持ちを持って臨むことが必要です。

「仲裁」は、裁判に代わる手続です。

　　「仲裁」は、3人の仲裁委員が双方の主張を聞き、必要な証拠調べや立入調査などを行ったうえで、妥当と考える判断（仲裁判断）を下すという解決が図られる手続です。

　　仲裁手続を利用するには、両当事者が、「紛争の解決を審査会にゆだねる」、「裁判所に訴訟を提起しない」ということについての合意（仲裁合意）をした場合に限られます。

　　「あっせん」と「調停」は、当事者が合意しなければ和解は成立しませんが、「仲裁」の場合は、当事者は仲裁判断に不服であってもこれに従わなくてはなりません。仲裁判断には確定判決と同じ効力があり、その内容について裁判所で争うこともできません。いわば、民事訴訟に代わるものとして、審査会が仲裁判断を下すことになります。また、仲裁手続には、裁判のような上訴の制度（三審制）はなく、一審制が執られます。

　　なお、仲裁においても、委員から和解の提案がなされることがあります。双方合意の上で和解が図られた例は、数多くあります。

・「仲裁」　裁判との3つの違い

　　審査会の「仲裁」には、建築・土木等の専門家が仲裁委員として加わるため、専門性の高い判断を下すことができます。

　　また、一審制で処理されることから、三審制で裁判官で構成される裁判と比べ、簡易な手続で迅速に紛争を処理できます。

　　さらに、公開を原則とする裁判に対し、審査会の仲裁は非公開とされています。

紛争の未然防止・早期解決のために

代金不払い事案の審理では、こんなことばが多く聞かれます。

予定外の追加工事を頼まれた。 とにかく仕上げないと、 本工事分のお金ももらえないから仕上げた。 金の話は後でちゃんとするといわれたのに、 とり合ってもらえない。	←→ 追加工事はない。 当初契約の範囲内だった。
途中から人工計算で精算すると通告して了解 してもらった	←→ そんな了解はしていない。 請負契約なのだから、 当然出来高で精算するべきだ。

現場での意思疎通の不足　〜書面のやりとりの重要性〜

　審査会で扱っている代金不払い事件の大半が、当事者間の意思疎通の悪さに起因しています。たとえば、

- ・想定されていなかった対応をしながら、「工期が押している」とか「早く着工しないと」などの事情で、元請も下請も互いに「わかってくれているだろう」という見込みでいて、きちんと意思の確認をしていない。
- ・「今はわからないが後で悪いようにはしないと言われた」とか、「現場を止めるわけにはいかないから」などの理由で、相互に意思を確認できる書面を交わしていない。

　これらは、追加工事の有無や工期短縮についての責任の所在などが曖昧になり、紛争が起きやすくなる典型例といえます。

　また、紛争になった後、審査会で話合いが行われる段になっても、書面の交換がないために、それらの事実関係について互いの主張が真っ向から対立することも多く、和解への道のりが遠のいてしまうことにもなりかねません。

　ですから、いかに現場が忙しいといえども、元下間は、書面のやりとりによって互いの意思疎通に心を砕くことが肝要です。

※　審査会で扱えない事項

- ・審査会は、民事紛争の解決を行う準司法的機関です。したがって、以下のような行政指導はできません。
  - ①　建設業者の指導監督
  - ②　第三者としての技術的鑑定・評価
- ・審査会は、工事請負契約をめぐる紛争の処理を行います。したがって、以下のような紛争を取り扱うことはできません。
  - ①　不動産の売買に関する紛争
  - ②　専ら設計に関する紛争
  - ③　工事に伴う近隣者との紛争
  - ④　直接契約関係にない元請・孫請間の紛争

> **建設工事紛争審査会は、建設工事の請負契約をめぐるトラブルの解決を図る準司法機関で、中央（国土交通省本省）と各都道府県に置かれています。**

　工事に雨漏りなどの欠陥（契約不適合、瑕疵）があるのに補修してくれない、工事代金を支払ってくれないといった建設工事の請負契約をめぐる紛争の解決を図るためには、建設工事に関する技術、商慣行などの専門的な知識が必要となることが少なくありません。

　建設工事紛争審査会（以下「審査会」といいます。）は、こうした建設工事の請負契約に関する紛争について、専門家により、公正・中立な立場に立って、迅速かつ簡便な解決を図ることを目的として、建設業法に基づいて設置された公的機関です。

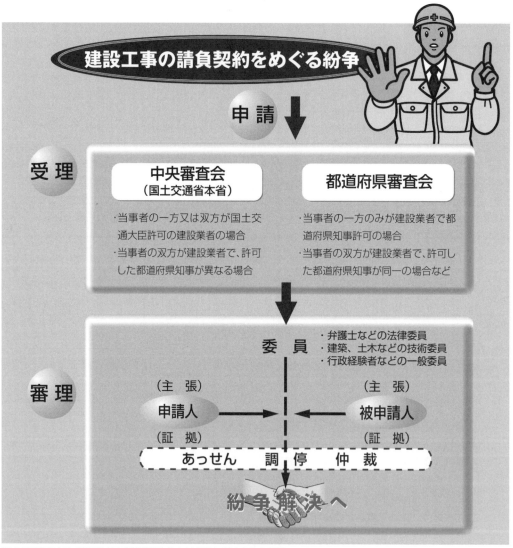

(注1)①審査会は、建設業者を指導監督したり技術的な鑑定を行う機関ではありません。
　　　②不動産の売買に関する紛争、専ら設計に関する紛争、工事に伴う近隣者との紛争、直接契約関係にない元請・孫請間の紛争、労働者の派遣や供給に関する紛争などは取り扱うことができません。

> 審査会は、事件の内容に応じて担当委員を指名し、「あっせん」、「調停」、「仲裁」のいずれかの手続に従って紛争の解決を図ります。

　弁護士や建築の専門家などの中から担当委員が指名されます。担当委員は、当事者双方の主張を聴き、原則として、当事者双方から提出された証拠を基に紛争の解決を図りますが、必要があれば現地への立入検査なども行い事実関係の究明に努めます。

　手続としては「あっせん」、「調停」、「仲裁」の3種類がありますので、申請をされる方は、事件の内容、解決の難しさ、緊急性などにより、いずれの手続によるかを選択します。いずれの手続も原則非公開とされています。

	あっせん	調 停	仲 裁
趣　　旨	当事者の歩み寄りによる解決を目指す。（注2）		裁判所に代わって判断を下す。
担当委員	原則1名	3名	3名
審理回数	1～2回程度	3～5回程度	必要な回数
解決した場合の効力	民法上の和解としての効力 （別途公正証書を作成したり確定判決を得たりしないと強制執行ができない。）		裁判所の確定判決と同じような効力（執行決定を得て強制執行ができる。）
特　　色	調停の手続を簡略にしたもので、技術的・法律的な争点が少ない場合に適する。	技術的・法律的な争点が多い場合に適する。場合によっては、調停案を示すこともある。	裁判に代わる手続で、一審制。仲裁判断の内容については裁判所でも争えない。
そ の 他			仲裁合意（注3）が必要

（注2）解決の見込みのある限り審理を継続することになりますが、一方又は双方が互いに譲歩することなく、容易に妥協点が見出せないような場合には、手続は打ち切られることになります。

（注3）「仲裁合意」とは、紛争の解決を第三者（この場合は審査会）へ委ね裁判所へは提訴しないことを約しに当事者の合意をいい、仲裁手続を進めるためには、当事者間にこの合意があることが必要です。なお、仲裁法の施行（平成16年3月1日）後に消費者と事業者の間で締結された仲裁合意については、消費者に解除権が認められています。

（注4）仲裁の申請は、仲裁法の規定による時効の完成猶予及び更新の効力があります。あっせん・調停についても、これらの手続が打ち切られ、1ケ月以内に訴えを提起したときは、訴えの提起による時効の完成猶予の効果はあっせん・調停の申請の時に遡って認められます。

> **■審査会で解決した事件の例**
> （例1）新築したマイホームに雨漏りなどの欠陥（契約の不適合、瑕疵）があるとして申請が行われた調停事件について、請負業者が必要な補修を行い一定期間の保証を行うことで和解が成立しました。
> （例2）追加工事代金の支払を求めて下請業者から申請が行われた仲裁事件について、追加工事の合意を認め、元請業者に金〇〇万円の金額の支払を命じる仲裁判断が出されました。

> **審査会への申請は、管轄に従って中央（国土交通省本省）又は各都道府県の審査会事務局へ行います。**

　どの審査会が事件を管轄するかは原則として建設業者の許可行政庁がどこかによって決まりますが、**当事者双方の合意があればいずれの審査会へも申請することができます。**

　申請に当たっては、申請書に必要な事項を記載するとともに、証拠となる書類を提出して下さい。証拠書類のうち工事請負契約書・工事請負契約約款は最も基礎的な証拠になりますので、必ず提出するようにして下さい。

　なお、工事請負契約約款には、通常「紛争の解決」の条項が入っていますので、契約の締結に当たっては、審査会の管轄や仲裁合意についても十分検討されることをお勧めします。

申請する時に必要なもの

①申請書・証拠書類（正本1部・副本4部（あっせんは2部））

②添付書類（当事者の商業登記簿謄本、委任状など）（正本1部）

③申請手数料（中央審査会の場合は収入印紙、各都道府県審査会の
　　場合は収入証紙によります（現金による審査会もあります））

④通信運搬費（現金に限ります）など

　申請手数料の額は、あっせん、調停、仲裁ごとに異なり、いずれも解決を求める事項の金額に応じて定められています。

【例】解決を求める事項の金額による申請手数料

	金額500万円の場合	金額2,000万円の場合	金額5,000万円の場合
あっせん	18,000円	40,500円	73,000円
調　　停	36,000円	73,500円	148,500円
仲　　裁	90,000円	180,000円	360,000円

（注5）あっせん又は調停の打切りの通知を受けた日から2週間以内に当該あっせん又は調停の目的となった事項について仲裁の申請をする場合には、当該あっせん又は調停について納めた申請手数料の額を控除した残額を納めます。納付した申請手数料は、次の場合に限り2分の1が還付されますが、これら以外の場合には、申請を取り下げたり、あっせん、調停が不調に終わったために、紛争が解決しなかったとしても、返還されません。

　①　最初の期日の終了前に申請を取り下げた場合

　②　口頭審理が開催されることなく仲裁手続の終了決定があった場合

（注6）申請手数料とは別に、通信運搬費を予納していただきます。

　　●あっせん…10,000円（一律）　●調停…30,000円（一律）　●仲裁…50,000円（一律）

**※申請の手引きを入手希望の方、審査会についてより詳しく知りたい方は、
　中央又は各都道府県の審査会事務局にお問い合わせ下さい。**

［中央審査会作成の「手引き」は、国土交通省のホームページでご覧になれます。］
　　　　https : //www.mlit.go.jp/common/001032684.pdf

建設工事紛争審査会事務局の住所・電話番号一覧

審査会名	不動産・建設経済局	住　所		電話番号
中　央	国土交通省不動産・建設経済局 建設業課紛争調整官室	〒100-8918	千代田区霞が関2-1-3	03-5253-8111(内24764)
北 海 道	建設部建設政策課建設管理課	〒060-8588	札幌市中央区北3条西6	011-204-5587(直)
青 森 県	県土整備部監理課建設業振興グループ	〒030-8570	青森市長島1-1-1	017-734-9640(直)
岩 手 県	県土整備部建設技術振興課 建設業振興担当	〒020-8570	盛岡市内丸10-1	019-629-5943(直)
宮 城 県	土木部事業管理課建設業振興・指導班	〒980-8570	仙台市青葉区本町3-8-1	022-211-3116(直)
秋 田 県	建設部建設政策課建設業班	〒010-8570	秋田市山王4-1-1	018-860-2425(直)
山 形 県	県土整備部建設企画課	〒990-8570	山形市松波2-8-1	023-630-2658(直)
福 島 県	土木部技術管理課建設産業室	〒960-8670	福島市杉妻町2-16	024-521-7452(直)
茨 城 県	土木部監理課建設業担当	〒310-8555	水戸市笠原町978-6	029-301-4334(直)
栃 木 県	県土整備部監理課建設業担当	〒320-8501	宇都宮市塙田1-1-20	028-623-2390(直)
群 馬 県	県土整備部建設企画課建設業対策室	〒371-8570	前橋市大手町1-1-1	027-226-3520(直)
埼 玉 県	県土整備部県土整備政策課訟務担当	〒330-9301	さいたま市浦和区高砂3-15-1	048-830-5262(直)
千 葉 県	県土整備部建設・不動産業課	〒260-8667	千葉市中央区市場町1-1	043-223-3108(直)
東 京 都	都市整備局市街地建築部調整課 工事紛争調整担当	〒163-8001	新宿区西新宿2-8-1	03-5388-3376(直)
神奈川県	県土整備局事業管理部建設業課 調査指導グループ	〒231-0023	横浜市中区山下町32	045-285-4245(直)
山 梨 県	県土整備部県土整備総務課建設業対策室	〒400-8501	甲府市丸の内1-6-1	055-223-1843(直)
長 野 県	建設部建設政策課建設業係	〒380-8570	長野市大字南長野字幅下692-2	026-235-7293(直)
新 潟 県	土木部監理課建設業室	〒950-8570	新潟市中央区新光町4-1	025-280-5386(直)
富 山 県	土木部建設技術企画課建設業係	〒930-8501	富山市新総曲輪1-7	076-444-3316(直)
石 川 県	土木部監理課建設業振興グループ	〒920-8580	金沢市鞍月1-1	076-225-1712(直)
岐 阜 県	県土整備部技術検査課	〒500-8570	岐阜市薮田南2-1-1	058-272-8504(直)
静 岡 県	交通基盤部建設経済局建設業課 指導契約班	〒420-8601	静岡市葵区追手町9-6	054-221-3059(直)
愛 知 県	都市・交通局都市総務課 建設業・不動産業室	〒460-8501	名古屋市中区三の丸3-1-2	052-954-6502(直)
三 重 県	県土整備部建設業課	〒514-8570	津市広明町13	059-224-2660(直)
福 井 県	土木部土木管理課建設業グループ	〒910-8580	福井市大手3-17-1	0776-20-0470(直)
滋 賀 県	土木交通部監理課建設業係	〒520-8577	大津市京町4-1-1	077-528-4114(直)
京 都 府	建設交通部指導検査課建設業担当	〒602-8570	京都市上京区下立売通新町西入 藪ノ内町	075-414-5222(直)
大 阪 府	都市整備部住宅建築局建築指導室 建築振興課	〒559-8555	大阪市住之江区南港北1-14-16	06-6210-9736(直)
兵 庫 県	土木部契約管理課建設業班	〒650-8567	神戸市中央区下山手通5-10-1	078-362-9249(直)
奈 良 県	県土マネジメント部建設業・契約管理課	〒630-8501	奈良市登大路町30	0742-27-5429(直)
和歌山県	県土整備部県土整備政策局技術調査課	〒640-8585	和歌山市小松原通1-1	073-441-3064(直)
鳥 取 県	県土整備部県土総務課建設業担当	〒680-8570	鳥取市東町1-220	0857-26-7454(直)
島 根 県	土木部土木総務課建設産業対策室	〒690-8501	松江市殿町1	0852-22-5185(直)
岡 山 県	土木部監理課建設業班	〒700-8570	岡山市北区内山下2-4-6	086-226-7463(直)
広 島 県	土木建築局土木建築総務課	〒730-8511	広島市中区基町10-52	082-513-3813(直)
山 口 県	土木建築部監理課建設業班	〒753-8501	山口市滝町1-1	083-933-3629(直)
徳 島 県	県土整備部建設管理課振興指導担当	〒770-8570	徳島市万代町1-1	088-621-2523(直)
香 川 県	土木部土木監理課契約・建設業グループ	〒760-8570	高松市番町4-1-10	087-832-3506(直)
愛 媛 県	土木部土木管理局土木管理課建設業係	〒790-8570	松山市一番町4-4-2	089-912-2643(直)
高 知 県	土木部土木政策課建設業振興担当	〒780-8570	高知市丸の内1-2-20	088-823-9815(直)
福 岡 県	建築都市部建築指導課建設業係	〒812-8577	福岡市博多区東公園7-7	092-643-3719(直)
佐 賀 県	県土整備部建設・技術課	〒840-8570	佐賀市城内1-1-59	0952-25-7153(直)
長 崎 県	土木部監理課建設業指導班	〒850-8570	長崎市尾上町3-1	095-894-3015(直)
熊 本 県	土木部監理課建設業班	〒862-8570	熊本市中央区水前寺6-18-1	096-333-2485(直)
大 分 県	土木建築部土木建築企画課建設業指導班	〒870-8501	大分市大手町3-1-1	097-506-4516(直)
宮 崎 県	県土整備部管理課建設業担当	〒880-8501	宮崎市橘通東2-10-1	0985-26-7176(直)
鹿児島県	土木部監理課入札・指導係	〒890-8577	鹿児島市鴨池新町10-1	099-286-3508(直)
沖 縄 県	土木建築部技術・建設業課 建設業指導契約班	〒900-8570	那覇市泉崎1-2-2	098-866-2374(直)

4　事業者の過去の処分歴をインターネットで検索

国土交通省ネガティブ情報等検索サイト

～住まいや交通に関係する事業者の過去の処分歴をインターネットで一覧検索～

> 　国土交通省は、国土交通省及び地方支分部局のホームページに点在する事業者の過去の処分歴などの「ネガティブ情報」を一元的に集約したポータルサイト「国土交通省ネガティブ情報等検索サイト(注)」をホームページ上に開設しています。

☆同サイトによりネガティブ情報の検索が可能となっている事業分野は現時点で21

同サイトの対象事業分野は建設業を含む以下の21分野となっています。

①建設業者	⑧マンション管理業者	⑯トラック事業者
②測量業者	⑨指定確認検査機関	⑰船舶運航事業者
③建設コンサルタント	⑩建築基準適合判定資格者	⑱航空運送事業者
④地質調査業者	⑪一級建築士	⑲自動車整備事業者
⑤補償コンサルタント	⑫登録住宅性能評価機関	⑳自動車製作者等
⑥不動産鑑定士・不動産鑑定業者	⑬鉄道事業者	【道路運送車両法関係】
	⑭バス事業者	㉑第一種旅行業者
⑦宅地建物取引業者	⑮タクシー事業者	

☆同サイトへのアクセス方法について

本サイトは国土交通省HP上に開設されています。本サイトのアドレスは次のとおりです。

（アドレス）　http：//www.mlit.go.jp/nega-inf/

改訂5版
ポイント解説
　　建設業法令遵守ガイドライン
　—元請負人と下請負人の関係に係る留意点—

2007年11月17日　第1版第1刷発行
2023年2月15日　第5版第1刷発行

編　著　建設業許可行政研究会

発行者　箕　浦　文　夫
発行所　株式会社大成出版社
東京都世田谷区羽根木1—7—11
〒 156-0042 電話 03(3321)4131(代)
https://www.taisei-shuppan.co.jp/

Ⓒ2023　建設業許可行政研究会　　　　　　印刷　信教印刷
ISBN978-4-8028-3428-5